传统村落与建筑系列

湘中梅山区域传统村落及其建筑空间研究

黄筱蔚　汤朝晖　著

中国建筑工业出版社

图书在版编目（CIP）数据

湘中梅山区域传统村落及其建筑空间研究 / 黄筱蔚，
汤朝晖著．—北京：中国建筑工业出版社，2023.12
（传统村落与建筑系列）
ISBN 978-7-112-29043-7

Ⅰ.①湘… Ⅱ.①黄… ②汤… Ⅲ.①村落—建筑空
间—研究—湖南 Ⅳ.①TU-862

中国国家版本馆CIP数据核字（2023）第155229号

责任编辑：刘　静
书籍设计：锋尚设计
责任校对：党　蕾
校对整理：董　楠

传统村落与建筑系列
湘中梅山区域传统村落及其建筑空间研究
黄筱蔚　汤朝晖　著

*

中国建筑工业出版社出版、发行（北京海淀三里河路9号）
各地新华书店、建筑书店经销
北京锋尚制版有限公司制版
建工社（河北）印刷有限公司印刷

*

开本：787毫米×1092毫米　1/16　印张：14¼　字数：258千字
2023年9月第一版　　2023年9月第一次印刷
定价：**68.00**元
ISBN 978-7-112-29043-7
（41652）

序一

　　传统村落用浸润了千年华夏文明的笔触，勾勒了广袤炎黄大地传统建筑空间的历史文化与时代印记，这是中国城镇规划及建筑领域的重要组成部分。保护、传承与发展传统村落及其建筑是当代建筑师的历史责任与时代使命。

　　传统村落的保护、传承与发展，是一个建筑与社会文化交叉融合、历史传统要素与时代发展诉求互惠共生的复杂课题。从规划与建筑设计的范畴而言，就是如何在整体观和可持续发展观相结合的视角下，为传统村落及其建筑空间的保护、传承与发展寻求地域性、文化性、时代性融合与统一的解决方案。面对当代激变的中国，传统村落也面临巨大发展与变革。在近些年如火如荼的乡村振兴建设中，传统村落如何传承传统地域文化、回应历史遗存是我们需要解决的重要问题之一。同时，我们仍需与时代对话，面对日新月异的当代社会，传统村落应积极应对信息社会经济、生产活动、生活需求、功能结构等的变迁并保持可持续性发展。解决传承与发展的矛盾并融合是促进传统村落建设的核心动力。

　　本书面向国家乡村振兴战略的内涵与目标，结合国家系列政策，创新性地运用"两观三性"理论，进行湘中"梅山文化"传承下的传统村落及其建筑空间的保护、传承与发展研究。基于整体观和可持续发展观相结合的视角，展开对湘中梅山区域传统村落各尺度空间的地域性、文化性、时代性的研究，提出其传统村落及建筑空间体系研究的理论架构与系统性方案。

　　在体系研究上，本书针对湘中梅山区域传统村落的特定地形地貌格局，构建了一个整体的空间结构体系，在层次上涵括了环境空间、建筑空间与景观空间，在维度上融合了形态多样性、地域独特性与传统文化高辨识性。在具体设计方法上，通过采取传统建筑分析与空间句法等技术方法相结合的技术路线，提炼湘中梅山区域传统村落空间体系中地域性、文化性、时代性的关键内涵，并结合传统营建技术与现代科技手段成功实践了大量创新性设计案例，为湘中梅山传统村落的保护、传承与发展，构建了一个具有整体性和系统性的解决方案。同时，本书也在研究、分析我国传统村落人居环境发展面对的复杂关系，有效运用整体保护与局部空间重构相结合的方法等方面，形成了有价值的分析结论。

　　本书的研究视角符合当前国家乡村振兴战略的大方向，针对湘中梅山传统村落的保护、传承与发展提出了有创意的系统观点和设计实例，对当今乡村振兴战略研究和建设有一定的参考价值，对规划设计有一定示范作用。

中国工程院院士　何镜堂

2022年3月30日

序二

传统村落是一定地域空间范围内的人文现象，它既是一种空间系统，也是一种复杂的经济、文化现象和社会发展过程。传统村落是人们与自然协调过程中不断尝试和调整所形成的，是对自然地理条件、社会治理结构、文化机制作用等多方面的协调成果，所以传统村落既是人类不断地适应、改造自然环境的实践积淀和智慧结晶，也是特定地域环境人地关系的空间反映。

本书作者在何镜堂院士的指导下，以"两观三性"理论为基础，以湘中梅山区域传统村落总体观、可持续发展观为根本出发点。秉持总体观，研究特定区域自然、社会、人文等多层次环境背景下，湘中梅山区域传统村落整体空间的复杂性特征；秉持可持续发展观，研究当地传统村落空间为适应时代变迁而不断发展的传统空间系统的保护、传承与发展。

本书主要选取收录在"中国传统村落名录"中的湘中梅山区域传统村落进行研究，在对其进行了大量的田野调查、实地测绘、数据分析等工作的基础上，梳理归纳了湘中梅山区域传统村落及其建筑空间的现状数据。同时，基于梅山山地环境下传统村落的样本，结合传统村落的社会组织演变、等级规模分布和社会需求的发展动因，以研究该区域传统村落空间结构的复杂性及社会形态表征；通过对传统村落及其建筑空间的多视角、多层次分析，图解，建模与营建，以研究村落空间在其特定环境下形成的场所现象、场所结构与场所精神；借助形态演化规律、空间组构原理剖析空间结构特征，以研究其特定地域环境对传统村落多层次的互动、制约及关联的影响。本书作者试图从宏观到微观，理论结合实践，研究湘中梅山区域传统村落中环境、建筑、景观相互作用下的传统空间特点。

本书还对该地区的传统村落、建筑及景观空间的保护与发展进行了研究。

基于当代社会信息化、科技化带来的湘中梅山区域传统村落功能、环境、人文的时代性变迁，对传统村落在当代时间维度下的传统空间保护和地域性营建进行了具体的设计案例分析，为传统村落空间如何体现地域、文化、时代三性下的保护、传承与发展，提供了较为科学有效的方法和思路。寻求传统村落持续发展的相应的支撑理论，是我们当前重要的课题。

华南理工大学建筑学院教授 陆琦

2022年3月18日

前言

      传统村落是在丰富的历史文化与自然资源条件下，人与乡村环境之间建立的一种空间关系。在中国，传统村落是农耕文明的重要遗产，体现了传统场所精神及文化景观。传统村落及其建筑与环境建立了极具历史信息的复杂的人地关系，且形成了拥有传统认同感、归属感的场所空间。本书选取收录到"中国传统村落名录"的湘中梅山区域传统村落进行主体研究。在大量的田野调查、实地测绘、数据分析等工作的基础上，归纳总结其各尺度空间的现状数据，进而结合梅山传统村落形成、发展过程中的自然环境、历史文化、社会生活等介质因素，基于何镜堂院士的"两观三性"理论，从宏观到微观，理论联系实践，在整体观与可持续发展观的指导下，对"梅山文化"影响下的湘中传统村落及其建筑空间的地域性、文化性及其时代性的保护、传承与发展等一系列问题进行研究。

      第1章和第2章为起源与基础部分。这两个章节的阐述从选题、起源及背景意义出发，结合聚居学、环境现象学、社会学、形态学等多领域、多学科的研究方法，进行基本概念的阐释和研究框架的建立。从宏观角度，对湘中梅山区域传统村落与其自然环境复杂有机关系进行研究，以村落整体性、可持续性发展观为根本出发点，研究特定地域环境对传统村落多层次互动、制约、关联的影响。同时，结合传统村落社会经济物质要素和人文精神要素的综合作用，研究湘中梅山区域传统村落的地域性、文化性和时代性的传承与发展问题，且为接下来的章节中对传统村落空间及其建筑空间的研究打下基础。

      第3章～第5章为核心论证研究部分。从湘中梅山区域传统村落的整体空间、公共空间以及居住空间三方面，进行实例调研测绘、空间解析以及传统场所精神营建的研究。本书以"两观三性"理论为基础，秉持整体观，研究特定区域自然、社会、人文等多层次环境背景下传统村落整体空间的复杂性特征；秉持可持续发展观，研究当地传统村落空间为适应时代变迁而不断发展的保护与传承理念；从传统村落聚居、社会学、空间句法等角度对梅山传统村落及其建筑空间的形态演化规律、空间结构特征及空间组构原理等进行地域性、文化性、时代性研究。具体研究脉络如下。首先对传统村落形成原因、历史演变及现状特征进行定性、定量的测绘与分析，结合湘中梅山区域特有的环境特征，对梅山山地环境下传统村落的样本进行空间句法图解、拓扑分析、宏观组构研究。结合传统村落的社会组织演变、等级规模分布和社会需求发展动因等进行分析，探索传统村落空间结构的复杂性社会形态表征。其次，对研究区域传统村落的现有公共建筑单体、公共景观以及居住建筑单体进行空间解析，总结公共建筑形式以及居住建筑形式的单元构成、空间秩序和组合方式。研究的关键技术点有：运用空间句法对传统村落整体形态及其空间拓扑结构进行分析，并为传统村落量化研究提供精确数据；运用现代技术手段测度、绘制与表达传统村落不规则边界、道路、区域、节点、标志物，对梅山传统村落的构成要素作清晰界定并绘图；运用建筑现象学研究梅山传统村落、建筑与其环境所形成的特定场所现象、场所结构、场所精神。最后，综合理论与实例对梅山传统村落及其建筑空间进行多角度分析、图解、建模与营建探索，研究其整体、连续的复杂空间关系，目的是为传统村落及其建筑空间的地域性、文化性、时代性保护、传承与发展提供科学而有效的方法。

第6章为拓展与实践研究部分。秉承可持续发展观的指导，研究湘中梅山区域传统村落的功能、环境、人文的变迁，以及传统村落各尺度空间应对当代社会发展的地域性、文化性、时代性策略。基于发展策略，在当代时间维度下，对传统空间保护与发展的有效方法进行研究。结合笔者这些年在梅山传统村落的设计实践研究，针对不同客观环境与主观要求，对传统村落及其建筑空间的保护、传承与发展进行了理论联系实践的探索，实现对传统村落、建筑及其环境的创新性研究。

第7章结论部分为研究工作的总结与展望。以梅山区域内四个入选"中国传统村落名录"的典型传统村落为研究主体，推及周边的相关村落作为补充，探索了湘中梅山区域传统村落及其建筑空间独具地域性、文化性与时代性特色的空间场所及其传统场所精神的营建，兼顾理论和现实的双重意义。社会物质经济的发展和传统生产生活方式的传承，使得传统村落及其建筑空间面临保护与发展的现实问题。创新性地运用"两观三性"理论，对梅山传统村落空间、传统建筑空间及其景观环境空间的地域性特征、文化性定位以及时代性发展展开深入研究，提出了相关研究的论证支撑、结构体系、研究方法。

目录

第3章

湘中梅山区域传统村落空间研究

第4章

湘中梅山区域传统村落公共建筑空间研究

第5章

湘中梅山区域传统村落居住建筑空间研究

第6章

湘中梅山区域传统村落及其建筑空间的发展研究

第7章

结论

第 1 章

绪论

1.1
研究起源

在中国，传统村落❶又称古村落，指具有一定自然、历史与文化内涵的村落。在2012年，"古村落"名称被改为"传统村落"，从国家层面全面启动了传统村落的调查、保护与研究工作。同年，开始了"中国传统村落名录"的甄选，到2019年6月，甄选进行了五个批次，全国范围内共计6819个传统村落被确定收录。本书研究的湘中梅山区域，有四个村落陆续入选该名录，分别为：湖南省新化县奉家镇上团村（第二批）、下团村（第三批），湖南省新化县水车镇正龙村（第三批）、楼下村（第四批）。本书的研究基础在于在这些传统村落建立了长期的支教扶贫工作点，能组织长期连续的现状调研跟进研究；能对其传统村落以及建筑、景观空间进行大量测绘与田野调查，获取详尽客观的现状数据、实例分析与人文史政的整理归纳，有效保证实证研究扎实全面。针对湘中梅山传统村落的传统保护与乡村振兴发展，运用"两观三性"理论，在整体观与可持续发展观的指导下，系统开展梅山传统村落及其建筑空间的地域性、文化性、时代性的研究。

1.1.1 研究背景

研究传统村落基于国家农村发展脉络与新农村建设战略的政策背景。传统村落作为乡村的重要组成部分，归属新农村发展范畴。近些年，党和国家出台了一系列重要政策，推进新农村建设（表1-1-1）。2017年党的十九大提出的乡村振兴战略，对乡村建设工作有了更加全面的政策支持，新农村重要组成部分的传统村落的建设及研究工

---

❶ "传统村落"是2012年9月由中国古村落保护与发展专家委员会决议制定的专有名词。2012年12月12日，住房和城乡建设部、文化部、财政部三部门印发《关于加强传统村落保护发展工作的指导意见》（〔2012〕184号）。该意见明确指出传统村落是指拥有物质形态和非物质形态文化遗产，具有较高的历史、文化、科学、艺术、社会、经济价值的村落。传统村落承载着中华传统文化的精华，是农耕文明不可再生的文化遗产。

作，在国家政策背景下有了强有力的支撑。2014年4月25日，住房和城乡建设部、文化部、国家文物局、财政部颁布《关于切实加强中国传统村落保护的指导意见》，对于中国传统村落的建设，既要积极稳妥地推进中国传统村落保护项目的实施，也需全面推进中国传统村落保护传承与可持续发展的有机结合，建设优秀传统文化传承体系，弘扬中华优秀传统文化的精神，促进传统村落的保护、传承和利用，建设"美丽中国"。该意见明确指出了传统村落建设的意义与目标：传统村落拥有物质形态和非物质形态的文化遗产，传统村落承载着中国传统文化，是中国农耕文明不可再生的文化遗产；传统村落凝聚的地缘、血缘、亲缘精神，是传承地域传统文化的纽带；传统村落是传统历史文化载体，维持着国家民族地域文化的延续；传统村落独特鲜明的地方文化特色，凸显了中国传统文化的多样性；传统村落最重要的是它的精神文化价值，是"乡愁"的重要载体；传统村落及其环境、建筑、景观空间的保护与发展的可持续建设，为乡村建设注入时代性、文化性，促进传统村落全面可持续性发展。

近年来我国乡村建设政策列表

表1-1-1

时间	政策内容
2005年	《"十一五"规划纲要》，扎实推进社会主义新农村建设
2007～2010年	创新农村社会管理体制，探索乡村有效治理机制，完善农业农村发展基础
2012年	推动城乡发展一体化，深入推进新农村建设（党的十八大），提出"美丽乡村建设"（党的十六届五中全会）
2013～2016年	完善和创新乡村治理机制，推动农村社区化管理，连续四年探索不同情况下村民自治的有效形式
2017年	党的十九大提出乡村振兴战略
2018年	构建乡村治理新体系，坚持自治、法治、德治相结合，提升乡村建设水平

1.1.2 研究对象

1. "村落"释义

"村落"是乡村聚落的简称，起源于旧石器时代中期。中国《汉书·沟洫志》中记载："久无害，筑室宅，遂成聚落"。村落自古就是人类聚居生活的场所，是人类对自然的积极利用和改造。村落在人类社会文明进程中，随社会生产力的进步而发展：在原始社会，是以氏族为单位的纯粹的农业村落；在奴隶社会，社会多元发展，衍生了不直接依靠农业营生的城市聚落，至此聚落体系由乡村聚落与城市聚落两大类型组成；到了封建社会，农业生产仍然是主体，而村落始终是聚落体系的主要形式。

到了当代社会，社会生产力高度发展，村落的内涵包括了资源、人口、产业等多种复杂体系。首先，村落仍然是聚居的一种重要形式，而聚居是人与自然之间建立的一种有意义的场所关系❶，即村落是人类居住的物质环境，是人与自然环境建立的一种聚居的相互空间关系。其次，村落也构成了一种社会关系，指人类聚居的社会状态，是人们为适应环境而建立的场所。因此，在宏观背景下，村落除了与自然环境的关系以外还具有了社会关系，即经济活动关系与社会活动关系，形成的关系结构如图1-1-1所示。对村落的研究将涵盖人类学、历史学、地理学、经济学、规划与建筑学等多学科领域。

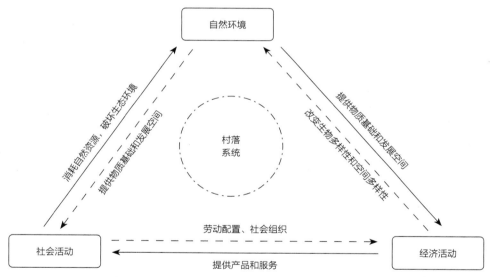

图1-1-1　村落系统关系结构图（图片来源：岳俞余，彭震伟. 乡村聚落社会生态系统的韧性发展研究
[J]. 南方建筑，2018（5）：7. ）

❶　克里斯蒂安·诺伯格-舒尔茨. 居住的概念：走向图形建筑 [M]. 黄士钧，译. 北京：中国建筑工业出版社，2012. 该书以现象学为基础理论，对聚居的"存在空间""场所""场所精神"等进行了深刻阐述。诺伯格-舒尔茨的大量著作如《场所精神：迈向建筑现象学》《建筑——存在、语言和场所》《存在·空间·建筑》等对建筑理论中探索人、建筑与环境关系的发展作出了重大贡献。

2."传统村落"释义

"传统"在《辞海》第六版释义为"世代相传、从历史沿传下来的思想、文化、道德、风俗、艺术、制度以及行为方式"❶。其基本含义是指历史流传和继承延续的某种思想观念、风俗习惯或行为方式，这表明传统是历史承前启后的延续，是一个时间维度上的整体系统。"传"是一个相对的时间性概念，"统"是完整的意思。历史上不同时期的习俗都可称为传统，不同历史时期都会有传统流传到今日，对当代的社会行为有无形的影响，积极的传统对社会发展起促进作用，保守和落后的传统对社会的进步和变革起阻碍作用。传统中对社会发展起积极促进作用的部分，是需要我们传承与保护的。用"传统"来界定村落时，体现出"传统村落"是与历史时间相关联的系统。而中国的"传统村落"是指具有时间印记与传承特征的乡村聚落，拥有丰富的自然资源与历史文化资源，是中国农耕文明遗产，应当予以保护。

在国际上，国际古迹遗址理事会将传统村落归入乡土遗产，属于乡土保护建筑范围。乡土保护建筑包括民众的住宅和其他建筑。正如保罗·奥利弗（Paul Oliver）所说，它们通常由主人或社群所建造，与所处的环境及可用的资源息息相关，并且使用传统的技术。国际古迹遗址理事会在《关于乡土建筑遗产的宪章》（*Charter on the Built Vernacular Heritage*）中对乡土保护建筑的辨识提出了6条国际标准：

（1）社群共享的建造方式；

（2）与环境相呼应并具有可识别性的地方或地域特色；

（3）传统建筑外观的形式风格；

（4）传承的传统设计与建造技艺；

（5）对功能以及社会与环境传统的有效应答；

（6）对传统建造系统和工艺的有效应用。

在中国，传统村落是以农村人口为主的一种聚落类型。传统村落的地域限定是指建制镇以下的地域，由村庄和集镇构成。传统村落是历史文化的沉淀，在空间场所识别感和人的归属情感中有着非常重要的分量。传统村落是兼具自然形成与人工改造的共同产物，具有显著的自然环境特征和历史积淀的社会特征，表达特定的地域性；传统村落是乡村社会各历史阶段传统文化的表现，表达特定的文化性；传统村落身处

---

❶ 夏征农，陈至立. 辞海［M］. 6版，上海：上海辞书出版社，2009.

当代社会经济发展的环境中，但又具有对过去历史时代的深刻印记，表达特定的时代性。

　　另外，中国传统村落是中国传统精神文化与物质文明及其演变的实体。"中国乡村文明史是村民所拥有的传统精神文化与物质文明的缩影，是中国各民族文明由北到南、从古到今跨越漫长时空而传承下来的，是最能反映传统文明及其演变轨迹的实体"●。传统村落的物质与精神价值被广泛研究。然而，统计数据显示：在2000年，中国自然村总数为363万个，到了2010年锐减为271万个，仅10年间减少92万个，而这10年间，中国的传统村落几乎处于每天消失200多个的危险边缘。因此，在中国，对传统村落及传统建筑的保护与发展的研究，是必要与紧迫的。

3．"湘中梅山区域传统村落"释义

　　拥有中国传统村落共性的湘中梅山区域传统村落，是历经时间积淀，与古梅山的自然环境之间建立的一种独特的空间关系，它承载传统梅山人文社会精神，有着较丰富的传统文化和历史建筑遗存。本书选取湘中梅山区域传统村落作为研究对象，从传统村落及其传统建筑的角度进行全面系统的聚落聚居空间研究。选取的研究区域为横贯湘中的梅山区域。"梅山"这个古老的名字在民国时期被"雪峰山"之名取代至今。如今的雪峰山主峰区域在湘中安化县与新化县域内，而新化县在宋代之前一直叫作"梅山"或"梅县"。到北宋熙宁五年（1072年），"梅山地置新化县"●。传说中，古梅山是蚩尤一族涿鹿之战后的聚居地，是古老的"梅山文化"的源头，区域内还有着两千年历史的紫鹊界秦人梯田及聚落痕迹，足以见证其历史性。鉴于古老梅山区域的历史地位，本书的研究区域限定在有着古梅山历史烙印的新化县域内的雪峰山区域。这一区域的传统村落更加具有传统"梅山文化"的古老气息与质朴内涵，是古梅山区域自然、地域与文化的宝贵遗存。其中的传统建筑更是体现了古梅山的传统营造文明与造型技艺，是梅山自然山地环境与秦人文明、少数民族人文的有机融合。湘中梅山区域传统村落及其建筑空间既有乡土文化的完整与典型的意义，又体现了自然场所与人工场所的有机融合，实现了传统场所空间的认同感、归属感的传达。

● 陈志华，李秋香. 中国乡土建筑初探［M］. 北京：清华大学出版社，2012.
● 《湖南府州县志》第一百六十册《新化县志》二十七卷。

那么，对于传承"梅山文化"的湘中传统村落的研究将从宏观层面至微观层面展开，选取湘中梅山区域典型的传统村落——正龙村、楼下村、上团村与下团村为例，如表1-1-2所示。在宏观层面，研究该区域传统村落形成及发展进程中的自然环境、历史文化、社会生活等因素的影响，以及传统村落及其环境的有机共生的空间形态构成。在微观层面，研究传统村落整体空间、传统建筑及景观空间的解析建构与营建特征，即在其空间研究中建立多维度、多尺度的空间层次结构体系，对这些空间体系的特点进行分析、图示和精准量化的表达。以此为基础，进行整体观下的可持续发展的探索，实现传统村落及其建筑空间的地域性、文化性传承与时代性发展诉求。从宏观上看，随着当代社会及经济的发展不断突破城镇边界延伸至乡村，传统村落的自然生态环境与社会物质文化环境均受到不同程度的影响，其经济社会格局发生了根本性的变化。从微观上看，现代科技文化的发展，深刻改变着传统村落中村民们的行为与思维，以及传统村落的生产生活空间、地域民俗文化，传统村落空间面临巨大的发展诉求。传统村落空间是承载历史文化遗存及传统生产生活场景的重要场所，是传统活态空间的集中展现，各尺度空间的独特的场所精神得以保护、传承、发展。

湘中梅山区域传统村落保护与发展分析　　　　　　　表1-1-2

	发展体系		发展诉求
宏观发展	区域环境	生态环境	社会经济的发展不断对村落环境进行冲击。传统村落的区域化环境是村落场所精神的核心要素，它的发展意义更大
		自然环境	
	区域文化	历史影响	区域及历史、文化传承是传统村落形成文化多样性的关键，应梳理好经济、文化发展脉络，保护和发展核心文化空间
		文化传承	
微观发展	村落遗产（空间）	梯田村落空间（正龙村）	湘中梅山区域传统村落的典型特征为村落之间的发展符合村民的生产、生活诉求，保护传统村落聚居空间及环境格局是保留村落鲜活特征的关键
		地方历史文化空间（楼下村）	
		山水空间（下团村）	
		农业生产空间（上团村）	
	民俗工艺	风土人情	民俗工艺的发展对传统村落旅游创收的意义重大，手工作坊、艺术产品、民俗风情等的发展，将带动村民对传统工艺的热情与动力

1.2
研究脉络

　　国内外对传统村落方面的研究有着各自的脉络。本书比较、研究国内外相关成果，展开相关文献检索数据库资料的收集比对，从而梳理研究脉络。各传统村落在地域性、文化性、时代性方面的相关经验及做法都有其借鉴意义。相关研究从传统村落历史沿革、社会动因、意向格局等海量资料开始，逐步向具体的传统村落空间格局、形态、结构及营建等方面深化，从而在广度与深度上获得传统村落领域的研究脉络。其中，非常重要的手段是从综合研究中国知网CNKI与万方数据库两大学术文献网络数据库的资料检索开始，以两大数据库资料为基础，较为全面地了解中国国内近些年来关于传统村落及其相关领域研究的学术概况，探索其发展脉络，为传统村落空间的广度与深度研究提供参照。

1.2.1　文献检索分析

　　逐步以"传统村落""传统村落空间""传统村落营建"作为核心检索词进行检索，对中国知网CNKI和万方数据库两大学术库的检索数据进行比对总结。时间限定为从2001年至2019年，按照时间次序对相关文献类型和数量进行统计排布，以研究整体情况与发展趋势。首先，以"传统村落"作为核心词检索时，两大数据库显示，学位论文约319篇，其中博士学位论文122篇，期刊论文更为丰富，约3000多篇。那么，以数量最为丰富的期刊文献来分析，如图1-2-1所示，传统村落的研究整体呈逐年上升态势，尤其是2012年以后，随着国家和政府对传统村落建设的重视与相关政策法规的颁布，学术界对中国传统村落的研究进入飞速发展的高产时期。传统村落研究的广度，从传统建筑学向外延伸至城乡规划、景观、地理、旅游、经济等多领域、多学科。深度方面，结合新农村建设，以传统村落人居为主体，直面传统村落的地域性、民族性、生态性、时代性、文化性等诸多问题，从历史、空间、社会等多个方面进行研究。

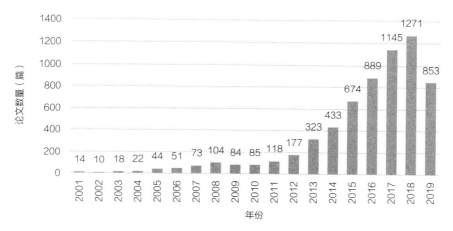

图1-2-1　以"传统村落"为核心词的期刊论文数量

　　其次，进一步以"传统村落空间"为核心词进行检索。自2001年以来的学术文献中，涉及该词的学位论文为605篇，其中博士学位论文为33篇；而期刊论文接近1000篇。如图1-2-2所示分析，学术期刊刊登"传统村落空间"的研究文章在2016年呈现成倍增加，包括结合国家新农村建设的研究内容、对已有的传统环境历史演进的梳理、研究传统村落空间与激变的社会文化的复杂有机关系，以及更加专注建筑学领域的关于村落形态、村落解析、村落空间组合等深入研究。综合文献可以看到，关于"传统村落空间"的研究文献来源涉及建筑、历史、民俗、考古等多个领域。

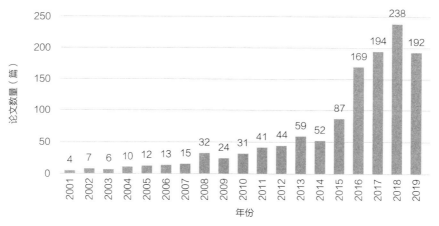

图1-2-2　以"传统村落空间"为核心词的期刊论文数量

最后，限定以"传统村落建筑"为核心词在两大学术网站检索，如图1-2-3所示。数据显示，从2004年以来，学术研究数量不多，而且出现了学位论文比期刊论文多的现象，尤其是2010年以来，学位论文共86篇，其中博士论文16篇，学术期刊论文约1287篇。学位论文与期刊论文数量呈现比较接近的趋势，其中相关传统村落建筑方面的研究多以传统建筑空间形式及传统营建技艺为主题，结合自然环境与传统社会人地关系，对传统村落建筑的传统性与时代性内涵进行挖掘，应对多元时代的变化和发展需求。许多研究也涵盖了新时代资源利用与保护及乡村防灾减灾要求下，传统建筑的绿色营建、营建生态、营建策略、营建模式及评价方法等。传统村落建筑的研究以人为本，充分结合我国当前传统村落建设实践，研究成果呈现更好的可持续发展性，完成度与可行性较高。

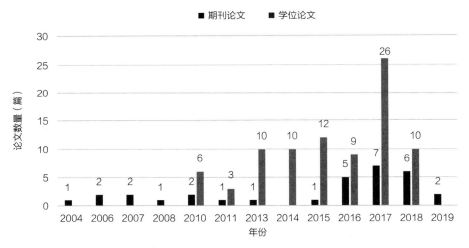

图1-2-3　以"传统村落建筑"为核心词的论文数量

1.2.2　国外研究脉络

1. 国外关于聚落、村落的相关研究

国外对聚落、村落的研究始于19世纪的欧洲，其中对聚落作系统研究的当属德国地理学家科尔。1841年，科尔出版了《人类交通居住与地形的关系》一书，对聚落、村落进行了较为系统的论述，详细阐述了地球上聚落的类型、分布状况及其与土地的关系，尤其首次对村落进行了地理意义上的界定，强调了地形差异对村落整体的影

响。村落是村民居住、生活和社会活动的场所，也是人们进行劳动生产的场所。其作为人类活动的场所和聚集中心，具有多种功能，兼具居住功能、经济功能、社会功能。

科尔之后，国外掀起了一阵聚落、村落研究热潮。1895年，梅茨恩对德国北部村落的形态及形成因子进行了全面研究。1906年，施吕特尔发表《对聚落地理学的意见》，提出"聚落地理"的概念，将研究聚落形成、发展和分布规律的学科称为"聚落地理学"，是人文地理学的一个分支学科。而后，法国的白吕纳在《人地学原理》一书中，对村落与环境的关系进行了全面研究。又经拉采尔、德芒戈及鲍曼等人的推进，到20世纪30年代，聚落、村落研究遍及全世界，并在发展较早的国家形成了不同的研究风格。德国以景观论为特色，法国重视社会经济史，英国则对历史地理有较多的研究，美国的研究从拓荒和居住问题开始，带有明显的实用性质。

在20世纪初期，聚落地理学首先把聚落划分为乡村聚落和城市聚落两大类。乡村聚落（简称"村落"）作为两大聚落之一，对它的研究领域涉及其历史起源、发展历程、社会职能等具有人文性特征的方面，也有对其自然地理条件、形态结构、规模布局等自然地域性特征的研究。1921年，美国的奥鲁索提出定性描述聚落的分类，包括一般描述、统计描述、经济分析及多变量分析的过程。到了20世纪70年代，全球村落发展问题日益引起各国地理学家的重视，与村落相关的各学科研究受到关注。到了当代，科技的发展，促使对村落自然、社会、人文等各方面的各项复杂影响因子实现科学数据化，使得村落研究由定性描述逐渐深入到精确的定量研究，村落研究更加精确与科学。

2. 国外关于传统村落保护的研究

国际上，对于拥有历史价值的传统村落的研究，因不同国家有不同的政策与保护方式，各有重点和特点。具体如表1-2-1所示，依次以德国、法国、英国、美国为代表来表述。在德国，德国传统村落研究协会对传统村落的保护主要采取博物馆式的保护方式，在博物馆中展示人们的生活方式、农作方式及作物等，使参观者获得直观的了解。德国针对传统村落保护制定特殊条例，为传统村落的发展提供了一个很好的外部生态环境。在法国，法国农宅协会是乡村遗产保护领域重要的协会组织，为法国乡土建筑的保护与更新提供重要的技术支持，以"去空心化"的理念促进法国传统村落民居的"活态化"保护。在英国，传统村落保护及研究首先得益于早期贵族和乡绅对乡村自然景观的营造和维护，以及某些中产阶级人士对生物多样性和乡村传统文化遗产的关注。英国社会认为，传统村落中的自然景观和文化遗产是重构国家历史认同和国民品格形塑的战略资产。传统村落及其自然环境和生物多样性之间长期演化形成的共生关系是传统延续的生命线。在美国，最初对传统村落及其历史建筑的保护源于爱国热情。随着城市化及现代科技弊端的逐渐显现，其理念逐渐转为实用主义，在保护文物价值的同时强调文化价值、景观价值、生态环境价值的综合保护。美国设置了一套从联邦到州、从内政部到农业部的权责明确、相互协调的保护体制，切实地保障各项政策法规在实践中得到有效推行。

国外传统村落主要保护模式   表1-2-1

国家	研究特点	村落保护方式
德国	景观论	博物馆式保护
法国	社会经济论	法国农宅协会，村落民居"活态化"保护
英国	历史地理	贵族、乡绅，重构国家历史认同和国民品格形塑战略
美国	实用主义	设置一整套保护体制，有效推进保护策略

3. 国外关于聚居村落空间的相关研究

"空间"一词英文直译为space或site，就是运用空间的概念，从形态学、空间结构学、类型学等方面深度表达空间场所感，如行为场、环境场、心理场等。挪威的著名建筑师诺伯格-舒尔茨（C. Norberg-Schulz）在论著《场所精神：迈向建筑现象学》（1979年）一书中指出：聚落这种人类最初的集结现象，在营建中与自然环境之间建立了一种场所结构，并以空间与特性来分类分析，这样的聚落与地域环境的有机联系表达人们生活的实质与精神，从而形成具有地方环境认同感的场所精神。诺伯格-舒尔茨将空间场所分为自然场所与人为场所。对于空间营建的场所精神，基本表征为：空间结构由自然场所加以暗示，具有时间性，反映各种文化的输入、转换、发展。这样的场所精神的意义在于它实现了聚落集结的结果，暗示着一种系统关系所具有的造型特质。本书的研究也借鉴了这样的基本思路，基于空间的概念来研究传统村落及其建筑的实体形式，从空间场所现象到空间场所结构形成，从而实现空间场所精神，既反映对自然空间的顺应尊重，也融合复杂人文环境在时空维度的地域性特征，实现传统村落营建的自然性、地域性、文化性目标。

另外，海德格尔的《筑·居·思》（1951年）一文从形态学角度阐释了人与空间、居住与环境的关系。形态学对聚居与环境关系的表达集中为居住空间的总体形式、屋顶形式和内部空间，这是对周围环境的连续与对应。凯文·林奇（1960年）运用存在空间的现象学，限定了空间的中心、通路、领域，旨在"建立良好的环境形象，给人们在情感上提供重要的安全感"。建筑大师勒·柯布西耶的空间营建方式，强调轴线和道路对人类行为方式的准确表达。用形态学研究空间形式可明确表达出建筑空间与大地的关系、与天空的关系、与环境的关系。空间结构学研究空间秩序与空间的组织，类型学则更注重空间的具体表达形式等。相关空间的诸多研究为传统村落多尺度空间的研究提供了理论基础。

到了现代，国际上对村落空间方面的相关研究，更加注重自然与生态环境的影响，运用高科技手段，将对村落空间可持续发展的研究逐步从理论推广到了实践。如运用RS技术研究希腊乡村聚落的景观空间演变（Zomeni）；运用GIS等手段，分析在建设发展中，乡村用地对自然植被系统生态的影响（McKenzie工作室）；对村落生态关系进行动态比对研究，以确定更加明确的定量性（Banks）；对波兰乡村聚落的空间形态对耕地的影响进行了实践研究（Bański）；等等。

1.2.3 国内研究脉络

1. 相关村落研究

国内关于村落的研究，起步于20世纪30年代，当时受西方相关学术思想的影响较大。例如1938年，林超在《地理》杂志上发表了《聚落分类之讨论》一文，论述当时的村落与农村土地的密切关系，并分析了国内村落分类的概况。1939年，严钦尚在《地理学报》发表了论文《西康居住地理》，论述了特定地域各类村落的位置、自然条件与耕地的关系、建筑形式与建筑材料、社会关系与民族习惯等对房屋的影响。1943年，陈述彭、杨利普在《地理学报》上发表了论文《遵义附近之聚落》，指出多种地理因素、社会经济条件及社会民族特性等对传统村落中的房屋均有影响。

到了20世纪50～60年代，中国学者对聚落及其相关的经济社会影响均展开了研究，理论和方法均取得了一定成果。1950年，吴传钧划分了当时的聚落等级。1959

年，张同铸与宋家泰提出了聚落布局的原则：有利于发展生产与整体规划密切结合的原则；顺应河道路网的发展原则；充分考虑各种自然条件影响的原则，等等。

1979年之后，基于村落地理学的迅速发展，许多学者对中国传统村落的理论和方法的研究作出了重要贡献。金其铭的两本论著《农村聚落地理》（1988年）和《中国农村聚落地理》（1989年），对传统村落地理的理论基础和方法、传统村落的形成与发展、传统村落与自然环境之间的关系、传统村落的分类、集镇与村落城镇化等问题进行了系统研究，阐述了传统村落的形成与发展、区域差异与特点、传统村落与自然环境之间的关系，以及其科学分类的基础方法等。21世纪以来，对传统村落的研究更是如火如荼，不断采用新的研究方法和技术，定性与定量方法相结合，真正做到了精准研究。

2．传统村落空间及其建筑空间的相关研究

在建筑学领域，结合自然地域与社会等影响因素，对传统村落整体空间、居住空间、遗址空间等进行的相关研究，从20世纪30年代开始，以中国营造学社为先锋，成果斐然。1933年，梁思成、刘敦桢完成《大同古建筑调查报告》。1934年，龙庆忠完成《穴居杂考》。1935年，林徽因、梁思成完成《晋汾古建筑预查纪略》。1935～1941年，刘敦桢先后完成《河北省西部古建筑调查纪略》《西南古建筑调查概况》，其耗费十多年调研心血完成的《中国住宅概说》（1957年），从地域环境和形态的角度将明清以来的传统住宅划分为九种类型，并论述了影响住宅类型的因素，即社会条件、自然气候、地区材料等。自20世纪80年代开始，随着改革开放和国民经济的复苏，对传统村落的研究再次复兴，研究的深度、广度都极具突破性。

从20世纪90年代开始，传统村落研究从社会形态和物质空间两方面同时展开，传统村落的社会关系依附于物质空间而存在，以亲情伦理作为空间建构的基石。家庭是社会空间的基本单元，同姓氏家庭组合成为族群，而各姓氏族群构成村落的基本结构体系。传统村落的空间形态受制于血缘、地理、契约，以及传统村落当中的社会结构和宗法制度等因素，成为传统村落研究的核心。到了当代，传统村落空间研究更加注重以传统村落实践为基础，遵循自然生态环境的影响，尊重村民意愿，本着"以人为本"的原则，强调在"情感依赖"和"精神归宿"方面的场所精神的研究。

2000年以来的相关学术研究总结如表1-2-2所示。

近年来传统聚落研究著作表   表1-2-2

学者	研究成果	研究领域	研究内容
陈志华、李秋香、楼庆西、罗德胤	《张壁村》(2002年),《中国村居》(2002年),《郭洞村》(2008年),《北方民居》(2010年),《中国乡村聚落初探》(2012年)	浙江东南部、山西南部、广东东北部、江西东北部等地,浙江省龙游县研究自1989年始,历经20余年	传统建筑测绘,田野考察工作,对不同地域的传统民居和聚落环境进行系统性的调查与研究
余英、陆元鼎、杨谷生、孙大章	《中国民居建筑》(2003年),《中国乡村聚落初探》(2004年)	自1996年提出"人类聚落学"的概念,强调观念、习俗等在传统聚落当中的作用;将传统聚落体系化,划分为自然生态、经济技术、社会组织、文化观念四个子系统	居民的生存方式、建筑的建造方式、族群的居住方式、居住的行为规律
刘加平、雷振东	《整合与重构:关中乡村聚落转型研究》(2009年)	对陕西关中地区的聚落展开区域性研究	对传统聚落的本体进行分析,关注传统聚落在当代社会所经历的整合变化;对传统聚落的历史性量变到质变进行分析,探讨乡村聚落空心化、结构形态更替等现实问题
张玉坤、宋昆、邹颖、张楠、李贺楠、李哲	《山西省雁北地区明代均是防御性聚落探析》(2005年),《中国古代农村聚落区域分布与形态变迁规律性研究》(2006年),《作为社会结构表征的中国传统聚落形态研究》(2010年)	自20世纪90年代中期开始对平遥古城和民居进行测绘	开展对传统聚落和社会形态的研究
王金平、朱向东、王崇恩、徐强、韩卫成	《山右匠作辑录》(2005年),《山西民居》(2009年),《晋商民居》(2009年)	对山西地区的传统聚落进行案例研究	建筑测绘和保护规划编制,以晋商文化为线索展开区域性聚落分析
薛林平、刘捷、徐彤、陈海霞	《悬空古村》(2010年),《娘子关古镇》(2011年),《官沟古村》(2011年)	山西沁河、汾河流域和黄河沿岸等地的传统聚落	对不同流域的乡村聚落和居住建筑进行全面归纳

3. 相关传统村落空间营建研究

在国内,"营建"是在传统村落空间理论研究的基础上对村落整体、村落建筑和村落景观的具体的建设研究❶。许多专家、学者对其进行了广泛研究，例如，曾卫、朱雯雯（2018年）从人地和谐角度，结合生态理论，探索现代智慧村落空间营建研究，应对多元时代的变化和发展需求，以协同思维指导村落空间建设，以自然过程支撑村落生命系统，以伦理秩序维持村落自然格局，揭示生态思想的智慧内涵，同时结合适应时代发展，提出生态可持续营建行为准则、生态范式及价值导向；段丽彬（2019年）从类型学的角度，研究川西高原藏羌碉房绿色营建的模式语言，归纳总结出川西高原藏羌碉房营建的共性、营造技艺的做法；史靖塬（2018年）从理论层面构建重庆乡村人居环境规划的生态适应性理论，在梳理国内外乡村人居环境、生态规划与建设问题的基础上，在实证层面探讨重庆地区乡村人居环境生态适应性的规划路径，划分为宏观—村域、中观—村落、微观—农宅环境三个层次，提出宏观村域层面的控制路径、中观村域层面适应性优化路径，以及微观适应性提升路径；燕宁娜博士（2015年）开展了自然环境与民族宗教文化的地域性传承与发展的研究。这些研究文献都显示出传统村落营建与原生态环境的有机融合。

近些年，针对传统村落中传承与革新的营建模式及技艺的研究较多。例如，许娟针对秦巴山区的乡村聚落开展了研究；梁锐探讨了生态居住建筑评价体系，开展了生态民居评价方法的相关研究；王芳针对多民族混居区，开展了民居建筑更新模式的研究；韦娜针对西部山地地形，开展了乡村建筑外环境营建及营建策略的研究；刘京华研究了如何提高农宅经济性、实用性、坚固性、生态性和美观性，从可持续角度探讨陇东地区农宅适宜的营建策略和设计模式，提倡保留当地建筑特色，降低建筑能耗，实现农宅建设与环境的和谐发展；于洋从"生产—生活—生态"一体化新融合的角度，提出村落绿色消解的基本方向和途径。

针对传统村落空间营建中的景观营建研究，宏观可达到人居环境的范围，微观可达到村落景观营建的植物、水系等细部构建，体现传统村落的地域性、文化性、时代性。赵晓梅分析了侗寨建筑空间民族文化的表达，以及建筑文化体系构成元素的影响。还有许多相关民族聚落的研究，多关注村落的功能性空间与仪式性空间，村落建筑形式与功能的改变成为民族文化发展的历史见证，营建遗产社区反映精神需求和少数民族文化认同等。在传统村落结合生态学、景观生态学的相关研究方面，王天赋以生态村景观营造为基础，研究

---

❶ "营建"在百度百科中的释义为"营造、兴建、建造"，最早见于《后汉书·郎顗传》。

在自然、文化、社会生态系统相互作用的复合系统下的营造实践及其理论依据。在传统村落景观研究方面，以地理区位、功能内容、建造性质及景观格局归纳其普遍性及典型性景观特征。景观营建研究以多层次结构分析，解构自然、人文和社会三个层面的生态景观环境，运用景观营建促进人与自然环境、文化环境、社会环境之间的互动与协调发展，积极运用传统村落生态关系的景观措施等，研究内容既有深度又有广度。

4．相关传统村落保护研究

随着在全国范围内对传统村落保护与发展工作的重视，2013年，传统村落保护与发展研究中心成立，它是依托天津大学冯骥才文学艺术研究院组建而成的国家级传统村落保护与研究机构。该研究中心致力于中国广大地域的传统村落的调研考察，对其政治、经济、文化情况开展综合性调查；特别是对传统村落的文化遗存，进行了研究价值等综合性筛查。统计数据显示，传统村落的"遗存实情"令人担忧。"传统村落"明确定义为有着重要的传承价值与珍贵历史文化的遗产。2012～2019年，国家进行了五批次的"中国传统村落名录"调查与审评，基本完成了对中国230万个自然村的甄选。至此，国内传统村落能得到明确的保护。

2012年4月，由住房和城乡建设部、文化部、国家文物局、财政部联合启动了中国传统村落的调查，成立了由建筑学、民俗学、规划学、艺术学、遗产学、人类学等专家组成的专家委员会，评审"中国传统村落名录"，进入名录的传统村落将成为国家保护的重点，评定的着眼点为历史建筑、选址与格局、非物质文化遗产三个方面，评定具有专业性、整体性和全面性特点。一个重要标志是将原先习惯称呼的"古村落"，改名为"传统村落"。"传统村落"明确定义为富有珍贵的历史文化的遗产与传统，有着重要的传承价值的村落。五个批次的"中国传统村落名录"依次为：2012年第一批共计646个，2013年第二批共计915个，2014年第三批共计994个，2016年第四批共计1598个，2019年第五批共计2666个。

在湖南，传统村落保护的相关研究也在全国的带动下有序进行。例如，依托中南大学创办的"中国村落文化研究中心"，是湖南传统村落数据库，也是中国传统村落文化保护与研究、实物与文献资料集藏展示、数据库建设三位一体的创新平台。三十多年来，该中心以田野调研的资料与实测数据为基础，对传统村落自然、社会、人文等方面进行研究，包括传统村落文化保护与研究、实物与文献资料收集等，积极探索传统村落保护传承的新途径。该研究中心收藏了有关中国传统村落的生产生活、文化教育、宗法礼制、宗教信仰及传统手工艺等方面的实物资料1万多件、文献资料1万多件、第一手图像与数据资料5万多千兆字节、胶片2000多卷。许多馆藏与研究成果经教育部组织鉴定为湖南省传统村落的宝贵史料。

5.湘中梅山区域传统村落相关研究

湘中梅山区域传统村落的研究相较于湘西、湘南起步较晚，尚没有系统的研究。笔者与湘中梅山区域的传统村落建立了长期的帮扶共建关系，因此有机会进行大量的田野调研与数据测绘，并展开对湘中梅山区域传统村落及其建筑空间的保护与传承研究，以及在当今社会剧烈变革下传统村落的多元化发展研究。研究对象为"中国传统村落名录"中的村落，均保存完整的传统文化与模式。这些传统村落及其建筑空间是不可复制的，是独特地域性、文化性的传统空间范本，体现了湘中梅山区域以传统血缘族亲为核心的地域文化，更涉及其乡土文化，以及生产生活与传统习俗相契合的场所精神营建等。这些传统村落无论是自然环境（图1-2-4）还是人文环境，在相关传统村落的研究领域均具有其独特性，同时又具有传统村落的共性。

图1-2-4　湘中梅山传统村落景色

1.3
研究目的及意义

选取研究的湘中梅山区域传统村落分别为：根据住房和城乡建设部、文化部、财政部等七部委联合下发的《关于公布第二批列入中国传统村落名录的村落名单的通知》，湖南省新化县奉家镇上团村入选"中国传统村落名录"；根据《关于公布第三批列入中国传统村落名录的村落名单的通知》，湖南省新化县水车镇正龙村、奉家镇下团村入选该名录；根据《关于公布第四批列入中国传统村落名录的村落名单的通知》，湖南省新化县水车镇楼下村入选该名录，截止到2019年6月6日，住房和城乡建设部共公布五批次"中国传统村落名录"。入选该名录的奉家镇上团村、下团村，以及水车镇的正龙村、楼下村都具有典型的"梅山文化"的地域性、文化性及时代性特征，在梅山自然地域环境、传统村落社会物质环境与历史人文环境等方面，都极具传统的保护与发展研究价值。研究这些传统村落及其建筑空间千百年来与古梅山山地环境、气候环境、梯田农作环境、生活环境之间互为因果的有机关系，以及"梅山文化"语境下的传统村落空间整体形态、组团空间、单体建筑空间等逐级空间建构、场所营建以及传统场所精神等都具有积极的保护与发展意义。

1.3.1　研究目的

1. 梅山传统村落整体性保护目的

传统村落是中国农耕文化的重要载体，是农耕生活的源头与发展之地。时至今日，还有许多中国人生活在传统村落里，保护着世代相传的乡土文明。其中的乡土世俗文化，维系着中华民族最为浓郁的"乡愁"，一直保存在这些传统的生产、生活空间里。中国历史文化漫长灿烂，幅员辽阔，民族众多，地域多样，这使得传统村落各历史时期的形成有着自由性与无序性；同时，也造就了传统村落的多样性与独特性，值得研究、保护与传承。在湘中梅山区域，传统的农耕文明受到时代发展的冲击面临解体，传统村落及其梅山传统文化面临前所未有的危机。随着一些传统村落的消失，许多地域文化景观、传统村落民间文化、乡村农耕时代的物质生活场景及传统空间场所精神的物质载体也随之消失。另外，一些传统村落是许多少数民族的历史聚居地，湘中梅山区域就是汉族、瑶族、侗族、苗族混居的区域，它有着鲜明的多民族文化色彩，也展示了在历史进程中多民族文化的融合。这些民族现在的居住地域往往是其民族的发源地、聚居地与发展地，他们全部的历史、文化与记忆都在世代居住的传统村落里。因此，对这些传统村落的保护成为研究的首要目的。

2. 梅山传统村落可持续发展目的

湖南省位于长江中游、洞庭湖以南，地处我国云贵高原从江南丘陵和南岭山脉向江汉平原的过渡地带，地形地貌表现为：西北有武陵山脉，中西部有梅山山脉，南部是南岭山脉，中部丘陵分布，全省山地、丘陵约占63.75%。湘中地貌更以山地、丘陵为主，当地农耕以梯田农作为主，山地地貌环境成为湘中传统村落的主要地貌特征。千百年来面对高山峡谷的生存空间，当地农民根据山地地形地貌修堤筑埂，利用自然条件，把生产、生活与山地紧密结合起来，形成了独特的梯田文化。湘中梅山区域的传统村落处处体现出自然天成的格局，其传统村落成形已有两千余年历史，展现了当地汉族、苗族、瑶族、侗族等多民族共同的智慧与营建成果。本书基于国家政策及社会发展现状与趋势，结合湘中梅山区域传统村落的文化性和地域性特色进行研究，以期实现传统村落整体形态、传统建筑及其传统景观空间等方面可持续发展的目的。同时，本书提倡尊重湘中梅山自然地貌、生态环境，结合传统村落及其建筑空间时代性发展的要求，积极实现湘中区域传统村落各尺度空间与梅山生态环境与时俱进的可持续发展的目的。

1.3.2 研究意义

1. 历史意义

中国是拥有几千年文明发展史的国家，各地遍布各具地域与人文特色的传统村落。不同历史时代、地域、民族所形成的传统村落，承载着各自不同的历史文化，是宝贵的物质与精神文化遗产，在世界范围内也有着十分重要的地位。针对深厚历史文化积淀下的传统村落，自20世纪30年代以来，无数前辈开展了成果卓著的研究工作，遍及建筑学、城市规划、地理学、景观学、人类学、社会学等各学科领域。在如此深厚的研究基础上，本书积极传承前辈精神，探索湘中梅山区域传统村落不同历史时期的格局形式、地域民俗特色、历史文化传承，有着积极而深远的历史意义。

2．乡村振兴战略的社会发展意义

传统村落的社会意义与价值，远远超出了其村落物质空间载体本身。传统村落是中国乡村社会的重要组成部分。传统村落的振兴对乡村振兴战略的推进具有积极的社会发展意义，需要深入掌握传统村落社会的内在逻辑，以及传统社会结构内在的关联性和复杂性。这些传统社会因素在传统村落空间建构过程中均有显著规律与体现方式。在城镇化快速发展的浪潮和大规模的新农村建设中，实现传统村落振兴具有社会发展意义。

3．传统村落传承、延续与发展的现实意义

湘中梅山区域的传统村落研究以实地调研和实例观察为基础，通过勘察与测绘，记录当地传统村落与聚居建造活动的实际图例，研究这些传统村落的多样性和延续性，梳理其空间形态的建构原理。通过对这些传统村落现状的分析，以研究其未来可持续发展的策略。某一区域的传统村落是村民世世代代生产、居住、活动的场所，也是乡土世俗文化的载体，对这些传统空间的多样性形态与独具生命力的传统营建的研究，能有效传承、延续传统空间场所的文化个性与辨识度。同时，本书力求实现新农村、新农民及其文化多样性发展的现实需要。

1.4
研究问题

对"梅山文化"影响下的湘中传统村落的问题聚焦是基于国内外相关领域及相关学科的多层次、多维度的综合分析，以何镜堂先生的"两观三性"建筑理论为指导，依据整体观和可持续发展观，梳理出湘中梅山区域的传统村落及其建筑空间的保护、传承与发展的关键科学问题，即传承"梅山文化"的湘中传统村落的地域性、文化性、时代性的科学问题。"整体观"是一个系统工程，即从变化与和谐、传统与现代、现状与发展、地域与全域矛盾中建立一个多元而有机的整体。"可持续发展观"就是既满足现在的要求，又能够适应将来的发展。在湘中梅山区域传统村落及其建筑空间研究的关键科学问题中，"地域性"问题是通过探索传统村落复杂人地关系、提炼传统空间的地域性元素和符号，以找到符合当地环境特点的表达方法。"文化性"问题是在人文精神层面，研究传统村落世俗文化的空间表达。"时代性"问题是传统村落空间需要反映各历史时期特征，更要适应当代的精神发展。

1.4.1　传统村落的地域性问题

在地域辽阔的中国，传统村落在不同地区有着千差万别的表现形态。即使是在湖南省地域内，传统村落也会分成湘西、湘南、湘北、湘东、湘中五大地域体系。可见，传统村落的地域性是其最为重要的特征之一，研究湘中梅山区域传统村落的地域性问题自然成为首要的关键问题。湘中梅山区域传统村落的地域性问题首先体现其自然属性：综合呈现为自然和谐的人地关系。这种人地关系表现为传统村落与特定地域自然融合，同时，这些传统村落还能有效承载村民各种生产、生活行为。中国地理地貌的地域差异变化较大，自然地形环境复杂，各地传统村落的自然个性极为明显。因此，梅山地域独特的自然生态、地理地貌、气候温度等客观环境，也塑造了其传统村落的自然个性特征。湘中梅山区域的传统村落以有机和谐的人地关系，结合复杂的地域自然环境，呈现出丰富多样的传统村落及其建筑空间形态。

另外，湘中梅山传统村落的地域性问题还体现了其精神属性：特定地域环境下传统村落的人地关系是复杂的精神情感的依托与表达。传统村落的这种地域属性是在时间维度下对地域个性与共性的呈现，如差异性、地方性、识别性等特征，也是传统村落空间"乡愁"特质的重要表达。湘中梅山区域传统村落的布局也是先人寄美好愿望于古老的"堪舆术"，以探寻"天人合一"的地域环境来庇佑子孙后代的结果，达到其精神层面与自然层面人地和谐的目的。"天人合一"是中国风水理论中理想的村落聚居形态，属于精神方面的期望，期望理想的风水格局保佑村民们长治久安。基于风水理论的传统村落空间所蕴含的理念在一定程度上是地域性的共性表达，是维系传统村落人地和谐的重要理论。因此，研究湘中梅山区域传统村落及其建筑空间的地域性问题，需要探索有益的思想理念，并运用于自然环境的有效改造中。千百年来传统村落村民不断营建的行为，传承了地域历史与地域文化，塑造了符合当地村民思维习惯的传统空间场所。

1.4.2 传统村落的文化性问题

传统村落是自然环境与人文环境高度融合的物质载体，是由自然条件与人文因素共同构筑的空间形态，具有物质文化与精神文化双重特征。传统村落的文化性既体现人与自然之间的相互影响与彼此渗透，又体现传统历史人文所构成的社会空间结构，是构建传统村落精神层面的表达。因此，传统村落的文化性是传统村落的重要特征，也成为研究的关键科学问题。

湘中梅山区域传统村落及其建筑空间，体现了古梅山区域的传统文化、传统建筑艺术和传统营建技术等地域文化特色，反映了特定传统村落的人文、社会和经济等文化特性，传达出梅山传统的场所精神。湘中梅山区域传统村落的世俗文化，是鲜活的生态文化的展现，体现了其村落村民与自然、社会和谐共处的传统空间图景。因此，传统村落空间是历史、地域文化的载体，同时也需要文化内涵的限定与标记，以实现空间场所的归属感。在不同历史时期，传统村落与地域的世俗文化相互促进，地域文化的特性也时刻印记在传统村落空间中。其文化性表现为传统村落的风水特征、地域文化、历史成因、建筑空间、街巷空间及精神空间等多方面。

研究湘中梅山区域传统村落及其建筑空间的文化性问题，首先是探索该区域人文系统、社会系统与梅山文化系统之间复杂有机的关系。其中，千百年来传统的农耕生产和生活习惯建立了古梅山传统村落的世俗人情关系，传统的村落社会结构构建了传统村落的人文管理系统，而"梅山文化"是整个梅山区域的人文核心。其构建了湘中梅山区域传统村落文化的整体结构，具体体现为巫傩文化、猎耕文化、民族文化及族亲文化等。其次，传统村落空间的文化性问题，还需要结合研究历史文化与当代的社会文化、经济文化、科技文化等共同构成的现状文化体系，需要从文化系统到文化结构层次再到文化发展性逐步展开全面研究，以积极探索梅山传统村落错综复杂的文化本真性保护与发展的问题。

1.4.3　传统村落的时代性问题

研究传统村落的时代性问题是强调不同历史时期空间的时代属性问题，注重不同历史时间段的文化地域性表达，尊重各历史时期建筑空间的时代特征。时代精神与传统文化是互相融合、相互促进的关系，传统村落空间的时代性特征需要以传统形态为根基，传承传统文化和传统精神。湘中梅山区域的传统村落历经各个朝代，具有深厚的时代特征，且集中体现了古梅山地域特征与"梅山文化"变迁。探索其时代性问题，是在汲取传统与地域内涵的基础上，探索不同时间维度下，传统村落及其建筑空间在弘扬传统性、促进传统村落空间的可持续保护与传承方面的路径。

对传统村落时代性的界定，冯骥才先生强调："传统村落不是过去时而是现代时。传统村落不是某个时代风格一致的古建筑群，而是斑驳而丰富地呈现着它动态的嬗变的历史进程，具有时代性特征"。因此，研究传统村落的时代性问题，是在当前"千村一面"的大环境下，对盲从主义泛滥发展的反思，是针对传统村落与地域环境的再思考，是传统村落文化的理性回归。研究传统村落空间的时代性问题是探索传统空间及其发展的关键科学问题，需要兼顾研究传统村落空间的地域性特征与文化性特征的高度统一性问题。

湘中梅山区域传统村落是千百年来当地村民在不断适应当地自然环境的过程中，对山、地、水、田等自然元素的独特运用与表达。村民们根据传统营造技术，将空间、结构、形态、材料、构造、功能等要素，通过就地取材并结合传统构造的手段，使地方材料、手工构件、传统细节都传递出所处时代的技术特点。同时，传统村落空间对艺术民俗、社会历史、宗教信仰等文化性的传达也具有历史时代气息，并将其与村落空间形态、结构及功能有机结合。湘中梅山区域传统村落秉承对自然地域的遵从原则，形成应对当今时代发展的适应性营建体系，并积极探索传统村落及其建筑空间的可持续发展之道。时代性在不同的历史时代会有不同的表达，需要在研究历史传统及时代嬗变规律的基础上，实现传统村落及其建筑空间的时代性传承与发展。

1.5
研究框架

1.5.1　研究方法

"梅山文化"影响下的湘中梅山区域传统村落及其建筑空间具有传统的聚居形式，蕴含着传统的场所精神。在历史、现状及未来的时间轴下，本书的研究将从宏观的国家政策指导，到中观的相关领域基础理论及多学科交叉科学技术，再到微观的建筑空间场所分析、图解研究等，多层次展开对传统村落多尺度空间的保护、传承与发展的研究。具体的研究方法从以下三方面着手。

1．传统村落实地调研的方法

湘中梅山区域传统村落实地调研主要采用传统的实测调研方法（实地调查、地图描绘等）与现代测量方法（无人机照片、卫星照片、地理模型等）相结合，同时也会采用社会科学方法进行抽样调查、心理与行为探访等研究方法，增强调研的社会性和系统性。以此为基础，全面系统地对研究区域的传统村落进行定量、定性、定位调研。从传统村落不同尺度空间，分类整理、归纳、分析，主要包括：在宏观层面上对传统村落整体的定量定位；在中观层面上对传统村落组团空间、景观空间的定性定位；在微观层面上对传统村落中各建筑单体空间、细部构造及生活场景的定量与准确测量等。依据这些准确的地理区位的实测数据资料，就能绘制准确的现状图及分析图，为后续研究提供保障。

具体实测调研时，首先将卫星地图与无人机拍摄的地图结合，准确地对湘中梅山区域传统村落整体、组团区域、公共建筑及其围合区域、居住建筑及其限定区域等，进行多层次的地理分布信息的测绘。同时，将传统村落不同尺度空间的现状分布精确地标识在地图上，得到梅山传统村落及其建筑的明确位置信息。而后，在精准实测图的基础上，运用空间句法分析传统村落的空间结构特性，以及形态组构的内在层次、拓扑结构、空间定量指标等。本书的研究以准确实测为基础，从多种建筑类型及其限定的围合空间，扩展到所对应的组团小区域，再到整个村落，形成一个逻辑完整的传统村落系统。实测图纸主要包括：传统村落整体卫星地图，无人机拍摄的整体图，无人机拍摄的不同尺度地形图，公共建筑空间平面图、立面图、剖面图，居住建筑平面图、立面图、剖面图，村落及其环境的各种分析图，建筑及其环境的各种分析图等。

实地调研还包括对湘中梅山区域传统村落的社会调查工作。从2016年至2019年，对研究地域范围内的传统村落进行分批次调研，以照片和采访记录的方式，获取村民社会生活的第一手信息资料。如大量采访当地村民、村政府及木工师傅，记录村民生活场景，收集历史、人文、习俗、信仰、碑刻、营建忌讳等全方位的信息，多种版本的新化县志，历代人口统计资料，行政体制变迁史料，主要姓氏的谱系，"梅山文化"的历史沿革，民间传说等多角度、多层次的村落社会数据。正龙村、楼下村、下团村与上团村的对比实测照片如表1-5-1所示，概略地展现出传统村落宏观、中观、微观各层次的空间形态。

2．文献研究的方法

文献研究的方法能很好地梳理学术界相关研究的深度和广度，为传统村落的研究提供很好的参考视角、方法和深度。在文献研究的深度方面，研究以名家专著为主，

传统村落宏观、中观、微观三层次空间示例　　　表1-5-1

村落	村落整体形态（宏观）	村落组团局部（中观）	村落建筑单体（微观）
正龙村			
楼下村			
下团村			
上团村			

确定传统村落的准确释义，如对"乡村聚落"概念的研究，陈志华先生有过专门的阐述，在《说说乡村聚落研究》（1999年）一文中，他把乡村聚落定义为"乡土环境中各种建筑的总和"。乡村聚落应当包括这种环境中的多种多样的建筑类型，聚落中的祠堂、鼓楼、桥、亭等公共建筑也属于广义的"民居"范围。单德启先生在2003年出版的《中国民居》一书中曾非常详细地论述了传统乡土民居的定义，而且归纳了乡土民居的五大特征。

在文献研究的广度方面，以"传统村落""村落形态""村落环境"作为检索词，在中国知网CNKI"中国学术文献网络出版总库"进行检索，按照时间次序对文献类型和数量进行统计排布，可掌握研究的整体情况。根据检索数据，1995年之前还没有以"传统村落"作为题名的学术文献，该时期的相关研究以传统民居为主，多关注地方性民居的建筑特征；自1996年开始，传统村落逐渐成为人居空间研究的热点之一；2005年之后，文献数量显著增加，在期刊论文、学位论文、会议论文及其他科技成果中均有体现，结合新农村建设、空间更新、聚落景观等展开各方面的研究。

另外，不同研究领域对传统村落的细分体现出不同的研究视角。20世纪80年代初期的学术文献，以农学、生物学、控制科学等领域为主。建筑学领域中建成环境的适应性研究自2006年开始逐渐增多。2011年之后文献总量增加近一倍，间接反映出学者的重视程度。题名中包含有"聚落形态"的文献自1992年开始见诸各类论文载体，2002年之后数量有明显的增加，研究内容包括对建成环境历史演进的梳理、聚落空间与社会文化的耦合关系，以及更新保护过程中聚落形态的变化。关于聚落形态的文献来源更为广泛，涉及历史学、人类学、民俗学、考古学等多个领域。

最后，对传统村落的文献研究聚焦于空间的相关研究。与传统村落空间相关的研究一般涉及自然地理环境、村落形态、村落空间结构、村落布局、村落公共空间、村落景观空间及村落非物质文化遗产等方面。刘敦桢先生在《中国住宅概说》（2004年）一书中从地理环境、建筑类型、建筑平面、建筑材料、空间组合等方面对中国传统民居进行研究。陆元鼎先生和陆琦先生则同样从聚落形态、聚落环境、聚落布局、建筑类型、建筑功能、建筑装饰、建筑材料、建筑构件等方面对广东传统民居进行剖析。吴庆洲先生在《中国客家建筑文化》（2008年）一书中依据构成要素的出现频率确定其重要性，对客家民居的建筑类型、建筑功能、建筑装饰、建筑选址、建筑材料、建筑构件、建筑构造、建筑防御和建筑风水等方面进行了研究。刘沛林先生认为整体布局特征、环境因子、主体公共建筑、民居特征、图腾标志和基本形态，是影响传统聚落景观的六个基本要素。如此丰富的文献资料给本研究提供了宝贵的参考。

3. 综合分析的方法

综合分析方法是通过大量实例分析，运用多学科综合系统的方法对传统村落空间、建筑空间、景观空间的形态、结构、建构及地域文化特征等进行系统研究。综合研究方法深入传统村落及其建筑空间的各方面，且将空间作为研究主体，包括物质空间和精神空间。同时，传统性研究需要结合历史文献进行综合分析，将传统村落区域内相关历史、民俗等的研究资料和当代现状相结合，在建构传统村落传统体系的基础上对传统村落可持续性发展进行探索。具体运用如下。

（1）社会、人文、经济综合分析方法

拥有悠久农耕文明历史的传统村落一直是社会、人文、经济等学科研究的对象。在20世纪中期，中国传统村落的研究主要在区域特定的地理特征背景下，针对传统村落的社会特征、功能、结构进行多角度、多尺度的深入研究。到了21世纪初，传统村落随着社会飞速发展而快速变迁，尽管村落结构依然留存，但其社会、人文、经济等各方面都已具有现代性特征，对村落变迁的社会经济动因及前景的思考成为这一时期的研究主题。在这一领域，费孝通先生在其巨著《乡土中国》（1948年）中就村落社会的一些基本概念，以及当前社会转型背景下的心理嬗变对当代村落研究的影响因子等，进行了深刻的阐述，奠定了村落研究的社会基础。

进而，从社会层面分析，传统村落本身是一个随社会经济发展而发展的复杂系统，这一系统拥有基本的、原始的、传统的社会结构系统，同时又具有现代经济发展背景下的某些社会特征。即湘中梅山区域传统村落的社会结构受到血缘、宗教、风水、民俗、耕作模式等传统因素的影响，也受到科技信息发展的冲击。从经济生产层面分析其对传统村落空间格局的直接影响可知，经济高速发展背景下，城镇化建设带来的人口流动，各行政村落及自然村落之间经济交流的加强使得传统农耕生产方式发生的改变，现代的农业机械化、产业化对传统村落农村生产、生活模式的直接影响，以及现代经济、文化辐射对农村生产、生活模式的渗透，将全面影响传统村落的空间形态。

（2）现象学与空间关系学系统分析方法

本研究运用现象学、空间关系学系统分析方法，研究湘中梅山区域传统村落空间形成与发展的历史成因、自然成因、构成要素，以及以空间感受为主导的传统村落空间格局、空间意向、空间模式的行为场、环境场与心理场。其中，现象学强调事物朴素的整体观，直接影响传统村落空间的整体形态、道路骨架、公共建筑及公共场所空间的营建秩序。应在传统村落中建构和谐的人地关系，积极有效地处理传统村落空间与环境的各尺度关系。

运用空间关系学的方法研究湘中梅山区域传统村落在形成、演变及其历史发展进程中，与所处地域环境的综合空间关系。选取研究的传统村落与其自然环境是有机融合、相互作用的，具有传统空间组织关系与自然场所精神。对其复杂空间关系的研究，需要综合分析传统村落聚居现象的整体、全面、系统的结构，综合探索传统村落空间形态，空间结构形式，空间逻辑关系发生、发展的各层次客观规律。对湘中梅山区域传统村落应进行全面梳理，并根据空间形态特征、社会人文影响因子、传统村落生态环境、地域文化形态等进行系统综合归纳，从而构建出传统村落的多层次的复杂空间关系。

（3）类型学与图示图解综合分析方法

运用类型学的方法综合研究传统村落及其建筑空间是积极探讨其图形特征的方法。具体方法包括：综合运用科技手段，在调研和实测资料规范合理的数据体系基础上，进行传统村落空间形态的图示图解比对、分析和研究；在充分分析传统村落、环境、建筑等空间现状数据的基础上，对传统村落在空间形态上进行多维度、多尺度的综合比对分析，从定性到定量进行空间研究的深化；依据实测数据进行村落整体、组团局域、聚居小空间、公共空间等多尺度空间的软件辅助分析，如参数设定、参数计算、句法数据分析等，建立起这些传统村落空间的空间结构模型；进而，将空间形态进行几何抽象、几何计量、几何建构，落实到准确的图示上。掌握传统村落各尺度空间的建构逻辑，切实用建筑图解表达传统村落及其建筑空间的地域性、文化性、时代性。

1.5.2 框架体系

选取研究的湘中梅山区域传统村落具有较为完整的建筑、景观、环境体系，也拥有较为丰富的人文习俗和历史沉淀。研究这些传统村落空间及其建筑空间的形态、构成、场所关系、营建策略，仍需社会学、类型学、地理学等多学科融合。具体框架如下。

1．理论方法部分

在理论方法上，本书综合各种因素，结合多种学科，整体上尊重当地先民风水理论与堪舆术的营造背景，依据"两观三性"理论探讨传统村落的地域性、文化性、时代性的传承，以及可持续整体发展。湘中梅山区域传统村落有着上千年的历史，地域与人文的多元性带来空间的复杂性。本书对传统村落演变模式与机理的研究，基于"梅山文化"语境下，传统村落形态演变规律、不规则边界的模糊性及由此形成的不确定形式构成机理等体系的建立，并为传统村落形态的结构、功能、构成的量化提供理论支撑。在此框架体系的基础上，研究传统村落各尺度空间的构成机理，用以精确表达被限定的具象的传统村落空间场所，其中，家庭结构、宗族结构、乡土文化、行政结构等梅山特定的人文因素，对其形态构成的影响深远。另外，对于传统村落中重要的核心要素——建筑空间的研究，着重于其成因、构成、尺度、秩序等基本建筑规律对梅山区域独特的地域性、文化性的空间表达，深度梳理空间结构的关系特征，并结合场所理论，以村民的生产生活活动、社会行为作为场所精神营建的基本准绳，来研究"梅山文化"影响下传统建筑空间场所精神的传承、保护与更新的机理，建立其基本理论体系。

2．传统村落空间解析及传统场所营建研究部分

"梅山文化"影响下的湘中区域传统村落有着上千年的历史，地域与人文的多元性带来空间的特定文化性。这些村落传统空间的场所精神表达的是有着悠久历史传承的高山梯田的生产、生活方式，并通过传统建筑的实体形态与虚体空间来呈现。本书对湘中梅山区域传统村落的各尺度空间及其形态变化规律进行研究，以期指导营建各尺度传统村落及建筑空间，建立其空间秩序，为构建传统村落整体形态奠定基本框架。对"梅山文化"属性进行研究并运用，更是为其各空间构成打上深深的梅山地域性印记。因此，通过典型实例，综合研究湘中梅山区域传统村落各尺度空间的逻辑关系发生、发展的客观规律，探索这些传统村落空间在历史时间维度下变化的多层次、复杂的延续性关系，是对传承与发展传统村落及其建筑空间研究的核心所在。

3．传统村落空间发展及结论部分

"梅山文化"影响下传统村落的当代发展问题，是研究在社会发展、功能转变、人文精神变迁的时代背景下，新的时空体系对传统空间的冲击与融合。特别是在传统保护与现代社会空间变迁的矛盾中，研究其地域性、文化性、时代性方面的发展策略。保护与发展相结合、定性与定量相结合及整体保护与局部重构相结合的综合方法，再结合典型实例研究，可探索传统村落空间变化发展的延续性，最终实现传统村落及其建筑空间的可持续性。

具体研究框架如图1-5-1所示。

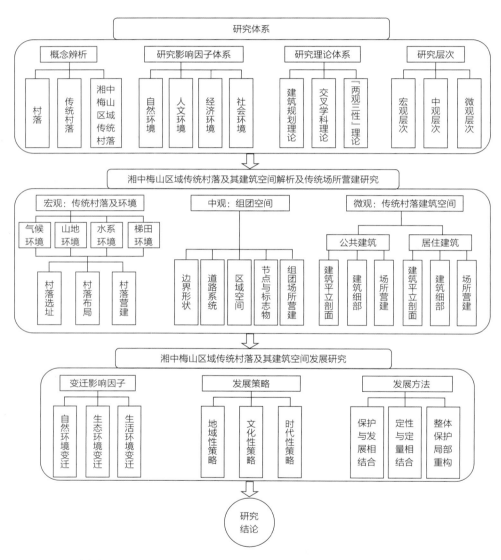

图1-5-1　研究框架图

第 2 章

湘中梅山区域传统村落
与环境的关系

　　湘中梅山区域传统村落与其环境的有机复杂关系，表现在其形成、发展过程中不断地与其所在的特定自然环境、社会物质与人文环境产生的融合与制约的互动。这种互动关系维系着传统村落及其环境所包含的传统乡村生活情趣，满足人实质精神上的需求。本章基于"两观三性"的整体观指导，展开对"梅山文化"影响下的传统村落环境因素，如古梅山的地理位置、自然地形、资源禀赋、生态条件、经济条件、地域人文等，对传统村落的形成、布局及空间形态等方面影响的研究。首先，根据梅山区域的自然属性，研究当地传统村落形成过程中与其自然环境适应和相互改造的过程。其次，研究传统村落与社会物质环境变迁的相互影响。最后，基于人文环境的多样性与传统村落丰富性的复杂关系，结合社会组织、行政制度、文化传承等客观要素，研究传统村落历史空间的地域性和文化性，并结合传统村落空间与环境的能动性及其演变历程，探索村落空间的传统精神传承与时代性发展的机理。

2.1
梅山传统村落的地理学背景

　　传统村落的形成、发展和分布规律属于村落地理学的范畴，归属聚落地理学。聚落地理学研究对象是聚落本身，一般分为乡村聚落地理学和城市地理学两大分支学科。传统村落与其环境的关系，需要在地理学背景下，研究地形地貌、气候条件、水系植被等各种资源环境，研究其对传统村落的形成、分布及发展变化的影响机制。随着人类对自然界的认知不断加深，人与自然环境的互动方式也越来越丰富。研究梅山传统村落与其环境的复杂关系，首先将面对该区域的地理环境，这也是当地"堪舆术"中的重要环节——堪地，即勘测地理背景，以直接勘察湘中梅山的地理区域因素、自然气候条件、自然资源等对传统村落营建和布局的初始影响。同时，地理学背景还包括传统村落中各种区域功能的自然土地利用，以充分发挥各功能区块土地的作用，使各功能区协调发展，从而理顺梅山传统村落与梅山地理环境的有机共融的关系，掌握自然地理对村落的规模体系、空间体系、职能体系等丰富内涵的影响。

2.1.1 地形地貌与山脉的分布

湘中是湖南省的中部，梅山是历史上湖南省境内最长的山脉，位于湘中。到了民国时期以"雪峰山"之名取代"梅山"之称。据《湖南地理志要》（民国十九年，1930年）记载，现今定义的雪峰山主峰地带，是指起于绥宁县巫水之北、南达益阳县的巨型高地，是跨越湖南省中部最长的山脉，主峰常年积雪。而雪峰山所在的新化县城古称"梅山"，北宋熙宁五年（1072年）"梅山蛮"归化后置县，取"王化之新地"之意❶，而且这种习称自古有之，如今在民间依然口口相传。故而循着历史足迹，本书选取"梅山"之名来定义、限定研究的传统村落区域，即湘中新化县域内古梅山区域的传统村落。

新化县境内梅山区域山脉从西部风车巷入境，蜿蜒140km之多，经古台山到大熊山出境，面积1656.7km²。山势雄厚险峻，平均高度在1000m以上，峰峦重叠，山体浑厚，走向由东北向西南延伸。雪峰山主脉古台山山脉，在新化县西部拔地而起，雄伟壮观，为新化西部"屋脊"，属于华夏系第三隆起带范围，以复式背斜为主并有燕山期的岩浆侵入，地层以泥盆纪以前的变质岩和花岗岩为主。著名的大熊山脉位于新化县北部，山顶起伏较缓，山腰坡陡谷深，腰坡在40°～70°，部分基岩裸露，侵蚀严重，切割深达400～700m，且多为V形谷。古梅山区域的河谷大多由北向南，呈梳状排列，四级剥夷面清晰可见，呈阶梯状分布，由北向南呈倾斜面展列于资江河谷。新化境内梅山区域地貌丰富，西部、北部山脉属高山地貌，东部低山属丘陵地貌，中部为资江及其支流河谷盆地。有江河平原、溪谷平原、溶蚀平原三种，系河流冲积、洪积而成，大多在海拔300m以下，多山丘梯田。故本研究涉及的古梅山境内传统村落所处地段多为丘陵、盆地地貌。

---

❶ 《湖南府州县志》第一百六十册《新化县志》二十七卷。

2.1.2　地质水系与气候条件

湘中梅山区域位于湖南省中部，是资江、沅江之间自东向西的分水岭，属于中国第二级阶梯的南段。行政归属新化县境内的这一段古梅山区域是较独特的地理单元。湘中梅山区域的山脉主体为自东北至西南走向，总体地势西南段山势高耸，东北段山势平缓降低。这一区域水系较为丰富，沅江、资江两大河流，以及资江形成的柘溪水库，均在湘中新化县梅山区域内。资江下游在此呈直角转折，形成了新化县域到烟溪峡谷间气候变化无常的状况。

新化地段的梅山区域属于亚热带季风气候区。由于处于梅山之中，全年雨雾较多且日照较少，结霜的时间较长，具有典型的冬天寒冷干燥、夏天凉爽潮湿的气候特征。据气象数据统计，湘中梅山区域年平均气温基本为12.7℃。全年多雾的时间相当多，为250多天；雨水充沛，每年平均降雨量为1810mm，相对湿度87%以上。梅山山区每年平均冰冻期大概是55天。湘中梅山区域气候受山势影响较大，也受到海拔高度的影响，气候呈现出变幻莫测的特点，因此，该区域传统村落的营建也注重防寒防潮、自然纳凉。

2.1.3　植被、耕地与地区资源

如今的湘中梅山区域，自古为古梅山镇（今新化县）腹地。《宋史》提到新化这片地区时，描述为"梅山峒蛮，旧不与中国通"。湘中梅山区域多为丘陵与盆地，溪河众多，气候湿润宜人。山地主要耕种土壤为黄壤，分布在海拔200～1000m的位置，再高是山地草甸土。其土壤较为肥沃，比较适合植物生长。2014年，全县境内森林覆盖率达54.9%，境内植物有160科786种，主要分布于县域北部、西部、西南部的山地之中。研究区域的四个国家级传统村落就分属于新化县下属的奉家镇与水车镇。

奉家镇位于湘中古梅山中段，镇域面积为246km²，海拔371～1584m，水资源丰富，梅山山地气候明显。丘陵山地达12万亩，森林覆盖率高达80%，集中连片的楠竹有4万亩以上，适宜中药材、茶叶、高山延季蔬菜种植，种植现已形成规模化，并逐步向生态农业迈进，同时富藏有硅石、矾矿和铜矿等矿产资源。奉家镇行政辖区内共有29个行政村，其中上团村与下团村为国家级的重要传统村落。

　　水车镇位于湘中古梅山西南部，东邻槎溪镇，西接奉家镇，北靠文田镇，南与隆回县鸭田镇、金石桥镇接壤，西北与溆浦县相连。在水车镇的梅山区域，有世界灌溉工程遗产紫鹊界梯田。水车镇地形地貌为丘陵山地，最高海拔1464m，最低海拔410m，一般为440～670m。地形西南、东北偏高，东南、西北较低。水资源丰富，镇域内有山溪二十来条。土地适宜多种农作物生长。1989年8月，经湖南省政府批准为建制镇，1994年乡镇机构改革，撤区并乡为水车镇。水车镇管辖35个行政村与紫鹊界1个社区，其中楼下村与正龙村为国家级的重要传统村落。

2.2
梅山传统村落的自然环境

2.2.1　传统村落与环境的整体观

　　"环境"一词在《辞海》（第六版）释义为影响生态群落的生物、化学、物理要素的集合，并对其形态与生存方式产生重要作用。环境对人类聚居的影响，随着其地理学背景研究的深入越来越得到重视。20世纪20年代，美国伯克利学派开创性地从文化地理学的角度，诠释人类对自然环境的加工与改造。其后，随着对环境研究的不断拓展与加深，学界更加注重人类聚居与其自然、人工环境的整体生态平衡。传统村落中，核心关系就是人、建筑、环境三者建立的整体空间关系。环境是客观实体，空间是人与其环境间的基本关系，建筑则是具有环境特质的空间客体。传统村落的环境是整体观下多元的复杂系统，既有优美的自然环境，也有巧夺天工的人工环境。其中，人工环境是人类社会创造的，根据传统村落村民生产、生活的功能来划分，分为社会物质环境与人文精神环境，内涵更加丰富。湘中梅山区域传统村落与环境的关系也是这些环境的整体呈现。

2.2.2　传统村落的自然地域条件

中国的传统村落形成于农耕社会，它的形成、发展体现了朴素的人与自然环境的共生关系。这种人地关系在客观上体现出人对自然环境的适应，讲究"人法地、地法天"❶，"顺天时、量地利"❶，"夫山，土之聚也，川，气之导也"❷，以及"从天而颂之，孰与制天命而用之"❸等，均体现了人类对自然环境顺势而为的观念，倡导积极应对环境，掌握自然规律；同时，在主观上又积极控制和利用自然环境要素，通过人力主动改变环境。在传统村落中，不同形态特征的村落与其所处的自然环境的独特性有直接联系，因循自然条件而形成。另外，村民的生产、生活行为反过来也影响和改造着自然环境。传统村落在发展过程中，经历长期的人为活动，逐渐形成与自然空间的有机互动关系。地域自然环境为人们提供生存的空间及物质条件，人们也在自然中塑造着符合自然地域的居住模式和形态，并改造着环境，这种和谐的关系，正是中国传统"天人合一"思想的重要体现。

湘中新化县域的古梅山区域依山傍水，号称湖南省东、西部自然景观的分水岭。两条河流沅江与资江发源于此，干流切过古梅山山体中段，沅江支流巫水、㵲水、夷望溪，资江西源及其支流平溪、辰溪等均出自山地两侧。河道呈S形转折形成峡谷，古老的湘中梅山区域传统村落就孕育于此。梅山传统村落与自然地域环境长期相互适应，并在村民们遵从风水理论的朴素改造中，形成了浑然天成的村落格局，且千百年来不断适应多重环境因素的作用，与自然成为有机的统一体。自然地域条件作为传统村落形成的最重要的客观因素之一，直接影响、制约着传统村落空间的方方面面。梅山传统村落的村民们质朴的建筑活动，以及对其自然环境的积极改造，创造了许多人工环境要素，构建了多元的地域环境，完美地呈现了湘中梅山地域形态特征，其传统

---

❶　《道德经·二十五章·象元章》。
❷　《国语·卷三·周语下》。
❸　《荀子·天论篇第十七》。

村落与地域环境相互契合，成为有机统一体。

2.2.3 传统村落生态环境

"生态环境"的概念在聚落地理学领域是指生态系统由生物群落与生态环境组成，其中的生物群落指以村落人群为核心，伴生生物为主要生物的群落，而生态环境是指以聚落空间为基础的栖息环境❶。在湘中梅山传统村落中，生态栖息环境的形成是不同层次的聚集过程，生态个体聚集形成区域组团，区域组团聚集形成传统村落整体生态关系。在聚集的过程中，个体、区域单元之间的差异性及其生态元素的多变性，形成了丰富的传统村落生态环境形态。在传统村落的生态环境方面，其空间物质形态在形成与发展过程中体现出自然天成的生态特点，且在生态资源条件的制约下不断发展，形成了当今的传统村落。从传统村落与其生态环境之间的关系可看出村落顺应自然生态环境、改造自然生态环境及利用自然生态环境的复杂历程。

湘中梅山区域传统村落的生态环境保持了梅山生态资源环境的相对稳定性和持续性，这也是这些传统村落得以延续的一个重要因素。梅山传统村落村民们的生活、生产得益于大自然的生态平衡，其生态资源环境是得天独厚的，是大自然的馈赠。这些传统村落空间以生态平衡为基础，遵从人与自然生物和谐相处的法则，采用适应可持续发展要求的生产方式和生活方式，优化与节约资源，保护生态资源环境，构建了传统村落与生态环境有机共融的整体观，推进了传统村落生态文明的建设。

---

❶ 叶宝明. 人文地理学［M］. 北京：人民教育出版社出版，2006.

2.3
梅山传统村落的社会物质环境

社会物质环境属于人工环境的范畴，从农业社会到工业社会再到当代社会，社会物质环境和人文精神环境均是相对于自然环境的人工环境的两大组成部分。传统村落的社会物质环境是传统村落形成的基本前提，也是人类择地而居的首要条件。在传统村落漫长的社会发展历程中，其社会物质环境处于动态发展之中，会随时间与经济条件的发展而改变。传统村落需适应社会物质环境变化，以达到与环境的物质平衡。

湘中梅山区域的传统村落社会发展较慢，因为这种历经百年的传统聚居方式，更加依赖物质资源环境。从村落结构、功能到社会系统，传统村落的构建都有多样复杂的社会物质环境背景，其中的各物质元素形成了复杂的传统村落社会物质系统。传统村落由多个不同规模、等级、职能的区域组团组成，这些组团之间既存在融合的亲情邻里关系，也存在不同分工的竞争约束关系。村落体系的内部和外部之间存在模糊的行政边界，并通过物质交流和信息传播来演进、发展。梅山传统村落的社会物质环境体现为人口分布结构、村镇行政管理、村落规模体系等的合理性、功能性与特征性。

2.3.1 人口分布结构

在中国，特别是改革开放以来，乡村经济蓬勃发展，深刻地改变了农耕时期建立的社会传统特征。通常，乡村是以从事农业活动的农业人口为主的聚落，一般将聚居常住人口2500以下、农业人口超过30%的居民点界定为乡村聚落。而传统村落基本从属于乡村聚落范畴，它既是村民聚居、生活、休闲和娱乐的场所，也是大部分村民从事农业生产劳动的场所。传统村落的空间体系反映了村民活动与自然环境间的综合关系。在传统村落中社会物质环境是客观条件，体现传统村落和村落人口之间的相互关系。一方面，人口在不同村落之间的流动会导致物质要素的变化；另一方面，社会物质环境的变化也会使人口发生变迁，从而影响传统村落整体或局部的变化。

湘中梅山区域辖区总面积3642km²，辖26个乡镇、4个国家级传统村落。2012年末，其总人口中，农业人口1252215，非农业人口152768。人口分布存在地域差异，也依赖于行政干预。截至2012年，研究涉及的传统村落中，正龙村200户，户籍人口1003；楼下村176户，户籍人口968；下团村261户，户籍人口1500多；上团村165户，户籍人口800多。这些村落人口分布特点基本符合农耕经济背景下的特点。在研究的传统村落中，随着经济水平的提高和信息技术的发展，普遍产生"分家"的形式，人口集中的大家庭模式改变为人口分散的小家庭模式。这导致梅山传统村落的居住功能、空间组合及居住模式均发生改变。原有的传统的大家庭混住，改变为小家庭独住或小家庭功能独立等形式组合。原有的传统形制也发生了改变，堂屋、主屋、客房等作为家庭单元的核心功能减弱，新的适应开放性小家庭的功能形式加入了传统的空间。

另外，随着我国经济飞速发展，城市对传统村落的影响与蚕食日益加剧。传统村落村民纷纷离开村落，进入城镇打工，不再从事传统农业活动。村民进城务工引发传统村落人口流失的问题。这些时代特征作为外部作用力促使人口类型、密度发生变化，导致资源、空间的集中。传统村落人口的分散与集聚反映传统村落形态的分散与集中，显示人口等级规模的分布变化，而传统村落人口分布特点也深刻影响传统村落的空间特点。

2.3.2　村镇行政管理

传统村落的行政管理，在历史上呈现出一种"上分下治"的社会结构形式。20世纪80年代，我国建立城镇体系的行政管理体系，村落体系是在城镇体系的基础上扩展的。村落体系的行政管理范围包括镇、乡、村等不同等级和类型的村落。传统村落的行政管理更需要兼顾历史传承保护和"美丽乡村"建设两方面的均衡性。传统村落行政管理体系更具有整体性和可持续性的动态系统特征。

湘中梅山核心区的新化县建立区、乡、村等基层政权，据统计，1950年11月，新化县共13个区、248个乡镇。1995年1月，新化县撤区并乡建镇，共有19个镇、7个乡，保留2个原国有林场。2011年，新化县有26个乡镇、1个开发区、1个街道办事处、2个国有林场。其中，拥有国家级保护村落的水车镇，1989年8月经湖南省政府批准为建制镇，辖紫鹊界1个社区、35个行政村。拥有国家级保护村落的奉家镇辖区共有29个行政村。

另外，行政管理的加强还体现在对传统村落规划体系的完善上。2017年6月，湖南省住房和城乡建设厅创新乡村地区规划制定方法，积极完善乡村规划体系，加强分类指导管理。以镇、乡为单位编制全域的村镇布局规划，可以更好地统筹村庄、集镇及基础设施的布局，更能适应统筹管理的需要，制定乡村地区基础设施、公共服务设施及村民建房的规划引导，解决浪费及破坏生态环境的问题，切实起到促进行政管理的作用。

2.3.3 村落规模体系

传统村落的规模体系由用地范围、经济总量、人口数量综合构成。历史上，影响传统村落规模的主要因素是社会、政治、经济、宗教、文化等。到了当代，由于交通与信息的发展，村民的社会网络规模包含其主要的社会关系，这样的关系网络由地域开始，但并不完全为地域所限制。虽然时代的变迁使得传统村落社会体系复杂化，但由地域限制的社会关系仍然是传统村落形成规模的基石。因此，湘中梅山区域传统村落规模体系仍以传统村落社会结构体系为分级、分类的标准和划分方法。

对于中国传统村落的社会结构，梁漱溟先生提出"伦理本位、关系无界、阶级无涉"，即宗亲、血亲、地亲的传统村落社会结构体系。中国疆域辽阔，各地传统村落存在强烈的地域差异，致使中国人的乡土地域情结极为深厚。这些传统村落的社会关系受不同的语言、风俗、习惯、文化等因素的影响，也直接影响传统村落的规模体系。在我国不同的历史时期，宗亲、血亲、地亲等因素对传统村落规模体系的影响一直存在。即使时至今日，宗族体系的发展与完善仍影响着传统村落的规模体系与乡村社会结构体系的建立。

在梅山传统村落中，村民人口的流动率小，村落间的往来交流也少。传统村落主要是农民聚集而居的区域，其规模可以是三五成群的小村，也可以是几百户、几千户的大村。传统村落村民的生活、生产范围也受梅山地域的限制，社会圈子较小。对其规模的统计主要依据人口数量，数据是重要参数，同时需借助地方志、年鉴、普查统计等文献，以获取村落人口的连续变化数据，同时涉及不同地域的生产活动、空间距离、农作物产量及技术变革等，它们对村落规模体系发展均产生影响。

2.4
梅山传统村落的人文精神环境

人文精神环境是人工环境要素中的重要组成部分，体现社会系统内外的文化内涵，包括人类的感知、观念、信仰、态度等构成的环境。人类社会从原始部族发展到现代社会，人文精神环境的表现形式也因地域、民族等差异而有着不同的特征，基本的影响因素包含地域性文化、行政建制、技术措施、交通联系等。在我国传统村落的环境体系中，人文精神环境表现为在特定时期、特定地域内村民们发生的社会活动和社会关系，表达当地村民特有的生活方式，并且由共同的人群所组成的相对独立的生活空间和特色化领域，主要体现在传统村落的空间格局、功能组织、行为方式表达等方面。而传统村落作为物质实体与空间场所的综合体，集中表达了传统的人文精神，创造了一种最为直观的人文环境。

2.4.1 历史沿革

历史上，中国传统村落重要的大规模变化大致有三次：第一次是商周更替中营建制度的确立和国野的区分；第二次是唐宋之际里坊形态的逐渐消解；第三次是明朝以后宗祠的普遍建立和重要性提高。阶级关系构建了传统村落社会人文的基础，在商周时期表现为以氏族为基础，在秦汉时期表现为以里制为基础，在六朝时期主要表现为以豪族为基础，在明清时期更多地表现为以宗族为基础，基本体现出从相对平等的农民编户制度控制下的村落共同体，到私有制发展后以豪族控制为主要特征的村落社会结构特征的变化。传统村落是适应人类社会与生存环境的综合体，它的历史沿革反映了传统社会人文环境的自我调节与适应性发展。

传说中，湘中梅山区域传统村落的历史可追溯到神糯时代晚期的炎帝时期，炎、黄、蚩尤部族本是同根同系，都是长江流域伏羲、神糯的子孙。管仲称蚩尤是黄帝的"六相"之首❶，蚩尤部众代表了炎帝家族长江流域的最强实力。随着长江流域进入金石并用时代，开始用重金属锻造武器，蚩尤能"铜头铁额""造立兵杖马戟大弩""威众天下"，且开创梅山一派，"梅山文化"的尚武传统与蚩尤传说关系密切。湘中梅山一带重金属蕴藏量很大，自古开发冶炼，商代高质量的青铜器大多出自此地，且民间铜铁匠天下闻名。到了秦汉时期，梅鋗作为楚越大将对长江流域及以南地区影响至深，被封为"梅王"，留下不少历史痕迹，除湖南的湘中一带外，梅鋗所封之地正是长江流域中游及以南广大地域，是为古楚"芈山"所在❷。古语"芈"与"梅"音合，核心地区是湘中新化、安化这一区域，"芈山"变成了"梅山"。因此历史渊源，湘中这一带的风俗文化被称为"梅山文化"，人文精神以"梅山蛮"精神为主。

到了清朝同治年间，《新化县志》记载：（梅山区域）秦朝归属长沙郡，汉时归属长沙王国梅山地，宋熙宁五年（1072年），湖南转运副使蔡煜开辟梅山，"东起宁乡司徒岭，南抵湘乡佛子岭，西及邵阳白沙寨，北至益阳四里河，田二十四万余亩，以上梅山地置新化县，谓王化之一新也"。其隶属于湖南路之邵州，南宋宝庆年属宝庆府；元属湖广行省湖南路；明、清属湖南宝庆府；民国三年至十年（1914~1921年）属湘江道；民国十一年至二十六年直属湖南省，民国二十七年至三十七年（1938~1948年）属第六行政督察区。1949年新中国成立后建立新化县人民政府，属邵阳专区；1977年属涟源地区；1982年涟源地区更名娄底地区，属娄底区；1999年1月娄底撤地设市，属娄底市。至此，古梅山区域与新化县域历史沿革清晰吻合。

---

❶ 《管子·五行篇》载："昔者黄帝得蚩尤而明于天道，得大常而察于地利。黄帝得六相而天地治、神明至。蚩尤明乎天道，故为使当时，大常察于地利，故使为廪者"。

❷ 《资治通鉴·汉纪一·太祖高皇帝上》中记载，"番君吴芮率百越佐诸侯，又从入关，故立芮为衡山王，都邾。番君将梅鋗功多，封十万户侯"。

2.4.2 传统村落的地域族群亲缘、血缘

梁漱溟先生认为："中国是一个伦理本位的社会，伦理本位就是以关系划线，以关系决定自己的行为方式，而不是以利益决定自己的行为方式，在关系主义社会中，特殊价值是十分浓重的"。费孝通先生提出传统社会的"差序格局"。传统社会中的人际关系并非平等的关系，所谓的"长幼有序""尊卑有序"，客观反映出传统社会中人与人在关系、制度、观念、地位等方面的差异。各种关系形成了传统社会结构的网，也构成了整个中国社会的人际关系基础，在客观上影响着传统村落的构成和演变。费孝通先生以乡村聚落为基础研究中国传统社会，分析传统村落地理、血缘、契约等对村落社会的作用，以及传统村落当中的社会结构和宗法制度。纵观古今，传统村落社会有着深刻的亲情、族群关系。

这样的亲缘关系在西方国家的传统聚落社会中也存在。20世纪初，英国人类学家阿尔弗莱德·拉德克里夫·布朗研究认为，亲属关系源自共同祖先的血统沿袭。列维·斯特劳斯则进一步研究认为，亲属关系是基于不同家族之间的联姻。正是由于这样的血缘关系，使得聚落之间的沟通、交换更加紧密，促进了传统聚落的演变和拓展。德国社会学家尼可拉斯·卢曼的研究分别从社交理论、传播理论和进化理论三个方面进行探讨。瑞士心理学家让·皮亚杰则探索了传统社会关系整体性、转化性、自律性在聚落形态中的深度体现。

在湘中梅山区域传统村落社会中，以亲情关系维系的家族与家庭的核心是传统村落的基本社会单元，村民是从属于家族、家庭的社会个体，是传统村落社会的构成元素。村民们组建的传统家庭关系是传统村落的基本社会关系，形成了传统村落社会结构的网，是整个传统村落社会的人际关系基础，客观上也影响传统村落的构成和演变。

2.4.3 传统村落的民族印记

据《新化县志》（1996年版）记载，"梅山"由"芈山"音转而来，"芈山"是指当时楚人居住之地。汉朝后期，在湖南湘中地区，苗族、瑶族等土著民族与中原汉族移民矛盾日渐激化。到了宋朝时期，民族对抗愈演愈烈，如《宋史·梅山蛮传》中记

载，"上下梅山峒蛮，其地千里，东接潭，南接邵，其西则辰，其北则鼎"。至此，"梅山"地域界限龟缩到了古梅山县域内。即现在的洞庭湖以南、南岭山脉以北、湘沅二水之间，呈西南—东北走向的资江流域与雪峰山区域，土地面积近5万平方公里，这就是历史上湘中梅山狭义地域概念的由来。

宋朝时期的蔡煜开梅山、置新化县之后，梅山地区逐渐成为汉族、苗族、瑶族、土家族等多民族聚居之地。梅山地区有主客户之分，主户是当地的原住民族居民，客户就是陆续由外地迁入的汉族居民。据宗族家谱查证，新化县梅山地区有54个姓氏的始祖，先后于后唐至明清时期，历经几朝，从江西、湖北、河南等六省各地区迁至新化。除汉族外，据1990年数据，全县有18个少数民族，计354人，占全县总人口的0.02%。当时民族混合聚居共有167户，653人。

湘中梅山区域传统村落的发展历史与梅山区域众多民族的贡献紧密关联，梅山人文精神是中国长江流域绵延不断的古老文明的见证。长江流域古老文明的创造者从伏羲、神糯时代的糯民到蛮夷到百越、百濮，众多"蛮族"生生不息。现今的湘中梅山区域的传统村落，大多是汉朝以来，特别是宋朝开梅山时从湖北、江西等地迁来的汉族的聚居地，也有部分是历史上苗族、瑶族、土家族的聚居地。其中，在紫鹊界一带，至今留存有许多瑶族居民生活的遗迹，如瑶人冲、瑶人峒、瑶人屋场等，印证了当地多民族之间的相通相承。

第 3 章

湘中梅山区域传统村落空间研究

3.1
传统村落空间研究释义

在我国2500年前，老子就用"有"与"无"对"空间"这一概念有过精辟论述，"三十辐共一毂，当其无，有车之用。埏埴以为器，当其无，有器之用。凿户牖以为室，当其无，有室之用。故有之以为利，无之以为用"。当今，在建筑学领域，"空间"一直被认为是最本质、最纯粹的概念。对于被感知和使用的空间，其"无"的表象用千变万化的"有"的形式去表达，是对"空间"无限的追求。空间的"有""无"两方面是有机互动的，即空间物质实体的结构、要素、尺度等元素，对空间所形成的特定场所环境等虚空间的影响是互为因果的关系。邹德慈院士将城市各尺度空间抽象为多种空间形态，如带状空间、网格空间、组团空间、散状空间等，对大尺度"空间"形式有了准确的描述。

在国外，早期的古典空间理论就强调空间的几何形状、网格规律、图底关系、连接关系等。在布鲁诺·赛维的《建筑空间论》（1957年）中，将空间界定为建筑及其环境的核心。"空间使我们能够洞悉，当今与传统的一切营造的真谛"❶。凯文·林奇从认知与感知的角度提出空间的连续性与可读性，且提炼出区域、节点、路径、边界、地标五大空间构成要素。比尔·希列尔在其著作《空间的社会逻辑》（1984年）一书中提出了空间句法理论。东南大学段进院士通过"深层结构""内生规律"等开拓性研究，提出了"互动原理"和"协同设计"方法，突破了传统的"空间决定论"和"空间映射论"，注重空间的内生规律，创建了城市空间发展理论与设计新体系，深入研究城市形态、空间句法、演化模式等，并完善、验证和实践其理论。清华大学杨滔博士对空间句法理论的诠释为："空间句法理论剖析了不同尺度下不同空间之间的复杂关系"，"直观定量地揭示空间现象下的社会逻辑和空间规律"，"提出自组织的空间结构"。其后，空间句法理论被运用在空间的通达性、空间与人类活动间的关系、交通的可达性、土地的利用等研究领域，也被广泛运用于城市、乡村聚落空间及

---

❶ 伊丽莎白·戈登（Elizabeth Gordon）对《建筑空间论》一书的评论。

传统村落空间的研究中。

对湘中"梅山文化"影响下传统村落空间的探索，是以整体观与可持续发展观的角度，从传统村落整体尺度来研究的。本书首先对梅山传统村落在分布、选址、布局、意象等方面进行传统空间形成、传承与发展的脉络梳理；进而依据大量的梅山传统村落的实测数据与分析图表，研究其传统村落的空间形态、功能组构及空间结构类型等方面内容，以构建湘中梅山传统村落的地域性、文化性、时代性的空间体系。对传统村落空间形式、形态的研究，使得空间的主要使用者能获得对传统空间的认知与感受。

3.2
梅山传统村落格局

传统村落格局是传统村落的位置形态特征在时间与空间上的表达，是其形态特征与地域环境融为一体的空间系统。湘中梅山区域传统村落格局以村民们的生产、生活为基础，积极营建适宜的人工环境，且与其所处地域自然环境是相互制约、相互依存的关系。那么，探索湘中梅山区域传统村落格局，就需要宏观地把握各种空间形态与梅山自然地域之间的独特关系。本书从传统村落选址、布局与意象三方面展开，分析独特的梅山自然环境下传统村落的人工场所。

3.2.1 传统村落选址

在中国传统的"天人合一"思想指导下，传统村落的选址尊重自然、因势利导，尊重基本的生存原则：高而居，避免潮湿，周围要围合，抵御风寒，防雪霜雨露。由文献可知，古老的风水理论是中国传统城镇、宫殿及村落选址的基础理论，后来甚至以此来寻找丧葬用地。风水理论在秦汉时开始与民间方术联系起来，基本内容源自《易经》的卦象，也是玄学术的民间信仰。"风水"一词最早出现在晋朝，由著名方术士郭璞定义。在某种意义上，中国的风水理论是集地理学、地质学、气象学、星象学、景观学、生态学、建筑学等于一体的一门综合理论。

　　风水理论在中国建筑领域的运用历史悠久。在湘中梅山区域，先民在实践中凭直觉认识和经验积累，以天、地、人相协调为准则，逐步总结出一整套择地相地的评价标准和体系，创造出相应的择地方法，当地称作"堪舆术"。先民们在选址过程中也十分推崇风水理论，遵从"堪舆术"指导，均以山、水为主要选址依据，背山面水。村民们从自然山川中获取生产、生活资源，形成了对梅山自然朴素的崇拜。同时，传统村落选址充分体现"聚气纳物"的宗旨，如《国语·周语下第三》中描述："夫山，土之聚也，薮物之归也"，"疏为川谷，以导其气，陂塘污庳，以钟其美。气不沉滞，而亦不散越"。梅山传统村落选址基本遵循"左青龙，右白虎，前朱雀，后玄武"的理想选址格局，结合了传统的风水理论与朴素的山水情怀（图3-2-1）。

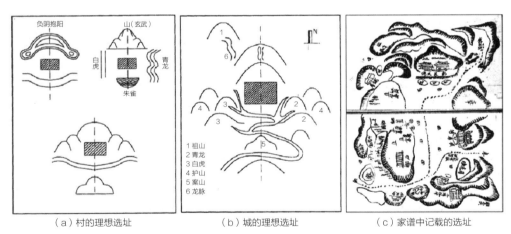

（a）村的理想选址　　　　　（b）城的理想选址　　　　　（c）家谱中记载的选址

图3-2-1　理想选址图（图片来源：王其亨. 风水理论研究［M］. 天津：天津大学出版社，1992.）

　　下文以水车镇正龙村、奉家镇下团村的选址为例。从图3-2-2所示实景照片与地形图中，可以清晰地看到正龙村与下团村北面"枕着"梅山山脉，南面有水系环绕。这样的选址与图3-2-1的理想选址如出一辙，并且与周边的自然生态环境有机融合，

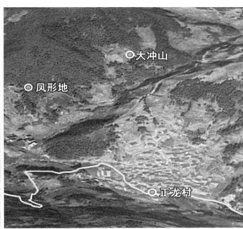

（a）正龙村

（b）下团村

图3-2-2　正龙村、下团村选址示意图

其局域小环境也因对温度、湿度自然的调控方式，达到冬暖夏凉、聚风祛湿的环境
目标。

3.2.2　传统村落布局

湘中梅山区域传统村落的布局讲究"择好地形，背山面水称人心，山有来龙昂秀
发，水须围抱作环形"，以整体原则处理传统村落与所处环境的关系。古老的《山海
经》中也记载了风水与布局的关系：讲究合理的布局，对人的体质、体态、体型都有
影响。具有古梅山地域特色的"堪舆术"重视梅山区域的山形地势，把绵延的山脉称

为"龙脉",提出村落应顺应"龙脉"的走向,区别山脉的形与势,"千尺为势,百尺为形,势是远景,形是近观"。依据整个地域环境特点勘察外界的制约和影响,综合考虑地质、水源、气候、物产、生态等因素,将传统村落环境融入梅山地域环境。正如清代姚延銮著作《阳宅集成》中所述:势是形之崇,形是势之积。即只有形势完美,宅地才完美。

传统村落的布局讲究因地制宜,即根据自然环境的客观性,营建适宜于自然的生活方式。《周易·大壮卦》中就提出"适形而止"的置地观,人们只有改造环境,才能创造优化的生存条件。早在先秦时期,姜太公就倡导因地制宜,"太公望封于营丘,地潟卤,人民寡,于是太公劝其女功,极技巧,通渔盐"。因地制宜是根据实际情况,采取切实有效的方法,使人与建筑适宜于自然,回归自然,返璞归真,"天人合一"。传统村落的布局自古尊崇适应并改造环境。湘中梅山区域传统村落的布局基于此,在充分利用当地的地形地貌的基础上,整合良好的自然地域资源,在长期与自然环境的磨合中,逐渐摸索与自然山地环境的相处方式,并积累有利于生产、生活的基址布局经验。具体布局如下。

1. 依山就势,充分利用梯田特色布局

梅山传统村落的布局之一是以尊重梅山地形地势为前提,依山就势地利用阶地或台地,尤其是区域中的梯田元素。梯田是在坡地上分段沿等高线建造的阶梯式农田。千百年来,面对高山峡谷的生存空间,湘中梅山区域村民根据山地梯田的形态,选取合适地段修建住宅,形成了独特的梯田式传统村落布局形式。湘中梅山区域中最著名、最大的梯田区域便是先秦遗留下来的紫鹊界梯田。紫鹊界梯田总面积达8万余亩,分布在海拔500~1000m的十几个山头上,占据了北部大面积地段。该区域的村落基本布局在梯田南向,即地势较低的丘陵、河谷之间。其布局顺应风水,靠山面水,在保留功能需求的同时,凝聚了历代梯田农民的智慧,具有与梯田密不可分的乡土特性。

其中,正龙村就是这一典型布局方式的代表。正龙村建于山地,农业生产以梯田水稻为主。山地地形对建筑有很大的局限性,且要顾及梯田劳作。在图3-2-3中,正龙村的布局为依山而建,周围梯田环绕。它"背枕"古梅山,面向习溪河,布局形式是典型的优质风水格局,几乎涵盖了"堪舆术"中所有的有利因素。正龙村布局在山

图3-2-3 传统村落正龙村布局

地高差参差不齐的地形上，整个村落形态错落有致，空间层次非常丰富。梅山山地的走势限制了建筑的朝向，不能规整划一，这也促成了不拘一格的空间形态，且彼此之间形成了形态各异的局域小环境。正龙村内各空间的联系纽带由乡间道路、水塘、陡坎或小块田地构成，其南向最低处是习溪河，主要村道也沿着习溪河道延伸，是该村落的主要交通枢纽。正龙村四面都是顺应山地而开垦的大面积梯田，遵循自然与祖制，顺应山形水势，形成较有规模的农耕生产。正龙村布局整体特征为依据山形及梯田呈向心式排列，路网垂直于山体等高线，建筑平行于等高线，错落有致，空间变化丰富。

2. 靠近河流或溪流的线性布局

梅山传统村落的第二种典型布局是靠近河道或溪流的线性布局。水是生产生存之源，水的重要性不言而喻。靠近水源的地域，气候温润，物种丰富，土壤肥沃，能提供生存发展的各种有利条件。在中国，依水而居是传统村落一种典型的布局方式。下团村就是这种典型布局的代表，如图3-2-4所示。依水而居的下团村顺应地形地貌，

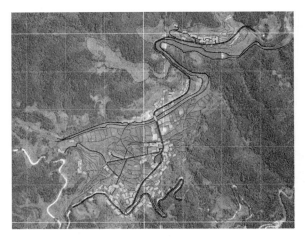

图3-2-4　传统村落下团村布局　　　　　　　　　　图3-2-5　传统村落上团村布局

顺应贯穿全村的下茆河，呈发散式线性布局。下团村整体规模较大，沿河道呈南北走向。村中的下茆河是全村的生活动脉，也是串联主要空间的纽带。下团村的主干路在河流一侧并行，顺应河道布置，支路根据功能需要依主路散开，形成较为自由的路网系统。下团村的建筑也是沿河道呈无中心散点布局，其中，公共空间有风雨桥、戏楼、观景平台及亲水平台等，居住建筑为"干阑式"板房，布置在下茆河与道路周围，布局自然松散，凸显出较为开阔的地形特点。整体村落布局以线性为主，公共空间以点状元素呈现，形成多形态的空间节点。下团村整体空间形态舒展流畅且不失变化。

3．群山环绕的盆地式布局

梅山传统村落的第三种典型布局是群山环绕的盆地式布局。典型代表是上团村，如图3-2-5所示。上团村四周为古梅山山体，周围深林密布，上团村就坐落在山脚的开阔盆地中。这里随处可见大面积的平地水稻农田，相较于正龙村的梯田与下团村的混合式山地丘陵农田，广阔的水稻农田是上团村非常重要的特征。然而，地处梅山区域，即使是盆地中的传统村落，可耕用农田仍然十分珍贵。耕种仍然是上团村村民的主要生产活动。村落建筑围绕稻田耕地布置，尽量不占农田且建在地势相对高处，方便村民农耕生产。另外，梅山山区潮湿多雨，上团村四面环山，形成山谷风，周围的密林不仅能提供很好的遮阳环境，且密林的蒸腾作用也很好地达到降温效果，使得上团村与周围环境之间能很好地进行热交换，透过树林的凉爽的谷风能缓解聚落的烦闷与湿热。而建筑位于地势较高处且沿等高线阶梯状排列，能迅速排除雨水，起到良好的通风、降温与排湿作用。同时，建筑周边低洼的田地能方便雨水快速排出，且灌溉低洼处的农田。上团村的布局充分尊重自然山区的盆地特征、尊重稻田农耕生活的本源，也形成了村落空间有效的主动式节能方式。

3.2.3 传统村落意象

"意象"的字面释义为形象之意。黑格尔解释为，意象就是一种观念或对象，不管它的内容是什么，表现出一种感性存在或形象。心理学上的解释为，意象是观察者主体与其所处客体环境相互影响、双向作用的结果。意象的范畴复杂，且运用变化多端，还常与其他思想、意识、感觉一起作用，是一种复杂感觉的构建和重塑。意象还可以通过抽象、升华来达到更有深度的"意象"，进而成为一种智能信息的感知。百度网上的解释最为通俗易懂，意象是客观物象经过创作主体独特的情感活动而创造出来的一种艺术形象，强调用客观准确的意象代替主观的情绪发泄。在建筑设计与规划设计界，凯文·林奇系统地将意象的概念引入城市设计，并且提出意象的形成主要归纳为五大基本元素，即道路、边界、区域、节点和标志物。运用这些基本元素所构成的图像形式能得到意象空间，这些意象空间具有强烈的方向性，给人很直观的位置和空间感受。

在中国，意象也是一项古老的传承，是先人们精神层面的追求。无论是诗词歌赋，还是居住与环境都讲究意象。意象也是传统聚居历史文化演变中的一部分，它深刻地影响着村落居民的精神与心理；在长期的潜移默化中，形成传统村落独有的精神文化、行为方式及心理状态。中国传统村落的意象蕴含了大量的具象符号，象征和隐喻空间的内部精神和外在形态，从而形成了具可识别性的传统空间形态结构，以及能产生特有的传统空间感知，塑造了特定的传统村落场所精神。湘中梅山区域传统村落的意象，主要从风水意象、宗法意象、文化意象三方面展开。

（1）风水意象
风水意象是按风水理论提倡的"地理五诀"，即"觅龙""察砂""观水""点穴""择向"五种方法择地定位。风水意象是古人构建传统村落意象的基本方法。积极意义的风水意象注重与自然的融合，选择风水优良的地理环境、地形条件良好的基地建村，有利于村民的生产、生活。在湘中梅山区域，风水意象也是当地村民千百年来生活经验的积累和营建智慧的结晶，深刻地影响着传统村落的构建格局。依据风水意象，梅山传统村落与自然环境和谐相处，追求自然生态的生活空间，是传统村落自然地域性特征的集中体现。

（2）宗法意象

在中国传统村落格局中，明代以后的宗族制度带来社会结构的改变，使宗祠普遍建立且重要性极大提高。宗族是血缘、亲缘群体，宗族的意识是人们一族祖先及血脉的观念，是传统村落社会制度形成与演变的基础。梁漱溟先生指出："中国家族制度决定了中国社会经济的命运，乃至中国整个文化的命运。自明清以来以宗族为根本的地方社会自治制度，以极自然的互助精神，作简单合理之组织，其于中国全社会之生存及发展，盖有极重大之关系。"在湘中梅山区域的传统村落中，宗法意象仍是传统村落社会秩序的核心，且在相当长的时间内，由家族、宗族形成了传统村落社会结构关系的核心。宗法意象深刻影响了湘中梅山区域传统村落的空间建构格局。

（3）文化意象

湘中梅山区域自古以来存在一种神秘古朴的民间文化——"梅山文化"，它是研究该区域文化意象的根源。《宋史》说，"梅山峒蛮，旧不与中国通"。宋代章惇在《开梅山》一诗中写道："开梅山，开梅山，梅山万仞摩星躔。扪萝鸟道十步九曲折，时有僵木横崖巅。"梅山地区曾经是汉族、苗族、瑶族、侗族等民族杂居之地，"梅山蛮"坚忍自立，他们在这块土地上生息繁衍，不仅创造了不朽的梯田稻作文明，还创造了灿烂的"梅山文化"。"梅山文化"渗透该区域传统村落生活的方方面面，在营建格局中体现出"梅山文化"的意象，以及空间的"梅山文化"烙印与"梅山文化"意象的识别性。

3.3
梅山传统村落的空间句法解析

　　比尔·希列尔教授的空间句法理论是一种描述空间的模式语言。其基本思想是在宏观尺度下定量研究空间组构，分析其数理逻辑关系。空间句法理论是对聚落、城市、建筑、景观等人居空间结构的量化描述，研究空间组织与人类社会之间关系的方法，其揭示了人的活动是研究空间实体的核心本质，在分析人的活动轨迹影响下揭示载体空间的动态规律。空间句法理论强调表达空间的真实性，用真实的空间去重构人（使用者）的空间语言，进而提出以组构（configuration）为核心的设计模型。空间的组构是空间句法理论的核心理念。空间句法理论的研究已深入到建筑与环境空间本质与功能之中，其研究广度也不断得到扩展，可用于建成环境各尺度的空间分析。

　　在中国，许多专家、学者对空间句法理论及其运用进行了大量研究。对于空间句法理论的探索始于1985年赵冰翻译的《空间句法——城市新见》一文。其后，东南大学段进院士对空间句法理论进行了更加系统的研究，将之运用于城镇空间、古村落空间。清华大学杨滔博士对空间句法理论多尺度空间运用进行了深度探索。东南大学张愚教授、王建国院士在《再论"空间句法"》一文中，系统论述了空间句法理论在传统村落构形分析中的运用，及其结合计算机软件深入建筑与环境的各尺度空间进行的分析。

　　本书研究基于中国传统风水理论与梅山传统"堪舆术"对其空间整体格局的影响，以"两观三性"为指导，运用空间句法理论对湘中梅山区域传统村落尺度下的空间结构逻辑关系进行解析。首先，以人为本，分析村民的活动轨迹，揭示传统村落空间作为村民行为载体的动态规律。运用几何图解的方式来表达空间整体结构，抽象出从特定空间去看整体空间的图示。其次，深入研究梅山传统村落的空间组构，表达空间的真实性，建立以组构为核心的空间组合模型。研究的关键技术点为，运用空间句法理论定量分析村落空间组织中的交通、中心、区域之间的核心关系，且将这三方面的空间关系对应相应的图解方式，将特定空间功能抽象为线性（轴线）空间、凸空间及视域空间三大功能空间去分析。在图解方法的基础上，将进一步准确分析其空间的

拓扑结构，以确定这些村落的连接度、整合度、穿行度三大指标参数。以此为基础，
研究湘中梅山区域传统村落多尺度空间的组构关系。

3.3.1 梅山传统村落空间图解

空间句法理论的根本出发点是将空间视为人们活动的基本场所，构建人们的活动
模式，并有效限定人的行为方式。在梅山传统村落空间研究中，依据空间句法图解，
基本将该村落村民生产、生活的活动轨迹抽象为线性空间，村民交流需要在凸空间中
进行，多人、多视线的交流就形成了视域空间，这三类空间的简化图式如图3-3-1所
示。接下来以梅山传统村落正龙村为例，对这三种空间进行图解分析。

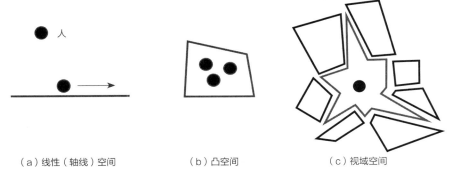

（a）线性（轴线）空间　　　　　　（b）凸空间　　　　　　　（c）视域空间

图3-3-1　空间句法简化图示（图片来源：段进. 空间句法与城市规划［M］. 南京：东南大学出版社，
2007.）

1．线性（轴线）空间

在湘中梅山区域传统村落中，线性或轴线空间基本是各种道路交通线。直线有两
端的方向性，村民的行走活动形成了道路形态。以正龙村为例，从其路网轴线图中可
以看到村民行走的随意性，呈不规则线段。这种轴线遍布整个村落，且断头较多，简
洁表达了正龙村村民活动随意自由的特点。相较于城市路网的规整和有序，正龙村路
网体现了不同活动规律及其空间形态表达。与国外村落轴线路网以直线为主的形式相
比，正龙村路网更体现出我国传统村落的人性特征（图3-3-2）。

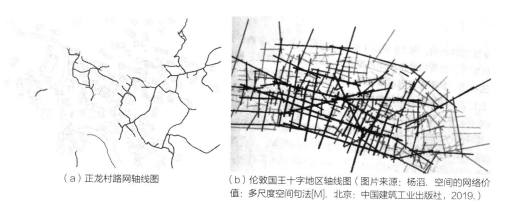

（a）正龙村路网轴线图　　　　　（b）伦敦国王十字地区轴线图（图片来源：杨滔. 空间的网络价
值：多尺度空间句法[M]. 北京：中国建筑工业出版社，2019.）

图3-3-2　梅山传统村落与伦敦国王十字地区路网对比图

2. 凸空间

　　梅山传统村落中，凸空间是村民主要的交往场所，也是村民直线行为的节点，构成功能单一简洁的小尺度交流场所。从图3-3-3所示的简化图解中可以感受凸空间的围合性与连接性，人们在凸空间集聚交流。传统村落中的凸空间显示出邻里关系的疏密，也多出现在道路的端头或交点处，村落中多个彼此相邻的凸空间可形成村落整体的连续空间。以正龙村典型凸空间分析图为例。正龙村是一处集中布局200多栋民宅的古传统村落，图中的深色圆点为正龙村主要的凸空间。村中集中交流的场所主要为几处共建围合的凸空间及民宅自组织围合的凸空间，分布较均匀，说明正龙村整体格局紧凑，邻里乡亲在半径约500m范围内能通达，村里关系融洽，活动范围较匀质，凸空间彼此之间联

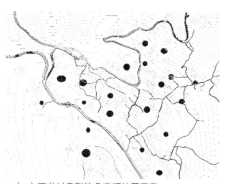

（a）正龙村典型的凸空间位置示意　　　　　　（b）古戏台凸空间

图3-3-3　湘中梅山传统村落凸空间分析图

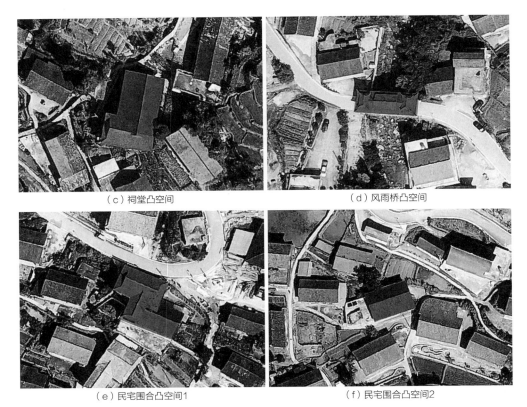

（c）祠堂凸空间　　　　　　　　　　　　　　　（d）风雨桥凸空间

（e）民宅围合凸空间1　　　　　　　　　　　　　（f）民宅围合凸空间2

图3-3-3　湘中梅山传统村落凸空间分析图（续）

系也较连续均匀。在此，凸空间直观表现了正龙村空间亲切尺度下的场所感。

3．视域空间

空间句法理论中的视域空间指使用者站在某个空间中，视线所能看到的范围内的人们均可以彼此看到、均能无障碍进行交流的空间。以正龙村为例，将视域空间抽象为简化图（图3-3-4）可以清晰了解到，视域空间为四通八达的视线可达空间，强调了空间的开放性与多元性。梅山传统村落视域空间的功能体现得比较突出，这是由于梅山区域自然环境的特殊性导致的，区域内的传统村落均依山而建，视线较为开阔。从村落景观视域分析图中可以看出，正龙村营建的四处景观平台与村落内部两处公共集会中心形成了彼此呼应的视域空间关系，村民公共交流层次更加丰富。在正龙村建筑视域分析图中，同样可以看到正龙村建筑围合空间的通透性、交流性，建筑围而不合，构建了乡邻们闲聊的空间场所，乡情浓郁。由此可以分析出，这样的视域空间体现了正龙村公共交流的广度与深度。

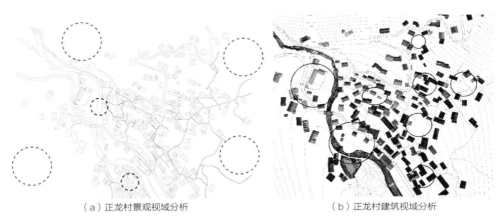

（a）正龙村景观视域分析　　　　　　　（b）正龙村建筑视域分析

图3-3-4　传统村落视域空间分析图

3.3.2　梅山传统村落空间拓扑结构分析

空间句法理论不仅用几何图示描述空间，而且还对空间的拓扑几何关系进行了研究，关注局部的空间可达性，强调整体的空间通达性和关联性。空间的拓扑结构关系示意如图3-3-5所示。起点空间与相连空间的关系主要取决于关联空间的个数，（a）图有一个关联空间，（b）图有四个关联空间，（c）图有三个关联空间，说明了空间连接度的深与浅。同时，（a）图穿行的线路较长，表明其整合度较低；（b）图穿行线路短，选择空间较多，表明其整合度较高；（c）图介于（a）图与（b）图之间，选择度与整合度都良好。从拓扑简图中可以感受到从特定空间看整体空间的效果，表达了空间真实性。

对梅山传统村落空间的拓扑结构分析，将村落中的线性空间、凸空间、视域空间抽象总结为线、点、面的空间。这些抽象的空间元素构成整个传统村落的有机体，它们彼此相连：线空间连接着点空间，点空间集聚成为面空间。这样可将其抽象为线段空间以分析传统村落结构的连接关系，即拓扑关系。空间元素由线段彼此相连，连接线段有长短、疏密之分：线段长短表示空间的连接程度，线段疏密表示空间之间的整合度、穿行度。如图3-3-6所示，在楼下村、正龙村、上团村、下团村抽象的线段图

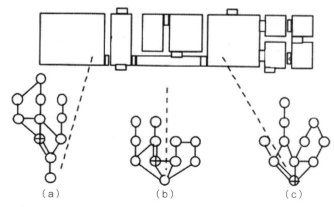

图3-3-5　拓扑关系示意图（图片来源：比尔·希利尔·空间是机器：建筑组构理论
［M］. 杨滔，张佶，王晓京，译. 北京：中国建筑工业出版社，2008.）

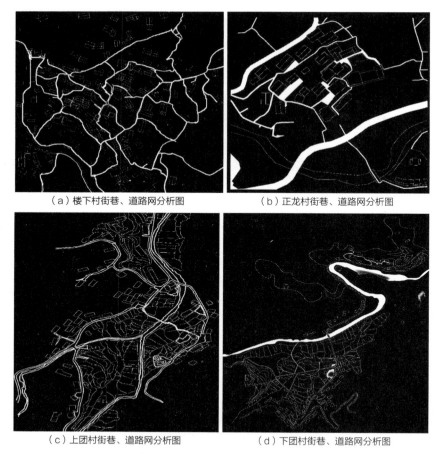

（a）楼下村街巷、道路网分析图　　　　（b）正龙村街巷、道路网分析图

（c）上团村街巷、道路网分析图　　　　（d）下团村街巷、道路网分析图

图3-3-6　传统村落空间连接度、整合度、穿行度分析图

中，直观表达了各村的轴线路网形态、长短与疏密程度。传统村落的空间连接度主要
由街巷空间联系线段的长短表达，整合度主要由道路网络的多少表达，而穿行度就由
路网整体的疏密来表达。图中还直观表达了四个传统村落空间的拓扑结构，真实表达
了各传统村落的几何关联的特点。

3.3.3　梅山传统村落空间组构

　　空间组构是空间句法理论的核心理念，关联局部各空间之间，以及局部空间与整
体空间的复杂关系，从空间的本质出发进行空间结构关系的探讨。前文介绍了空间句
法理论对空间的图解和几何抽象的处理方法，梳理线、点、面状空间元素之间的实际
关联与拓扑关联的关系，本小节将探讨梅山传统村落空间的"宏观自组织规律"，即
传统村落的各局部组团与整体村落空间的组构及空间整合能力。

　　以正龙村为例，通过分析整体村落尺度下的复杂空间关系及村民们社会活动模式
的相互关系可知，正龙村空间传达了传统村落社会经济活动的秩序。在图3-3-7中，
正龙村整体被划分为大小不一的六处局部组团，两条主要村级道路穿插其间。六处局
部组团空间布局较紧凑，彼此之间距离较均匀，穿行距离合适，视域整合度较好。道
路、街巷、河道等线性空间形成六处局部组团的空间轴线，有序地组织局部空间的秩

图3-3-7　正龙村六大组
团整体分析图

序。总体来说，正龙村组构紧凑、肌理清晰。

正龙村六处局部组团分别为位于村落中心的百岁山庄组团、与其隔河相望的体量较大的桂花园组团，然后按顺时针顺序，依次为上村组团、聚仙阁组团、金华组团和戏台组团（图3-3-8）。这些组团内部的建筑物排列自由无序，彼此不相连，空间内

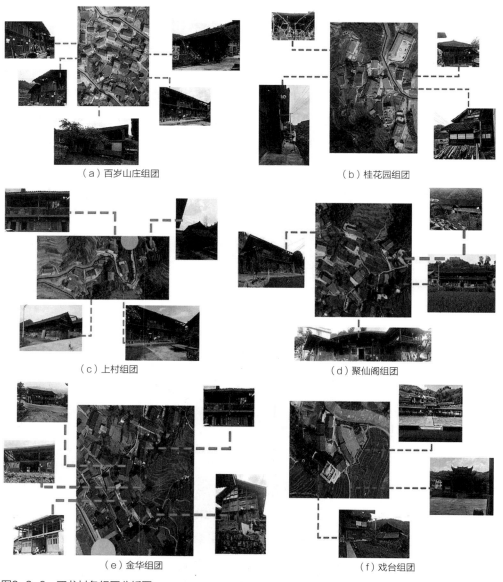

（a）百岁山庄组团　　　　　　　　　　（b）桂花园组团

（c）上村组团　　　　　　　　　　（d）聚仙阁组团

（e）金华组团　　　　　　　　　　（f）戏台组团

图3-3-8　正龙村各组团分析图

部视线较好，视域整合度高。建筑物多为一字形，体量不大，彼此之间步行距离短，与外部村级道路的距离也较短。同时，组团内部空间的视线开阔，局部区域联系紧凑，交流互动便利，表明了局部空间布局的合理性。正龙村的六个组团有机联系，呈辐射状分布，距离长短结合，路径疏密有致，其宏观组构自然有机。

3.4
梅山传统村落空间形态

"形态"一词在汉语词典中的释义为事物在一定条件下的表现形式。"形态"具有空间本质属性，同时还具有多样性、可感性、变通性等多重属性。其中，空间尺度为"形"，事物的表现形式为"态"。当用"空间"修饰"形态"时，词组"空间形态"就是空间尺度表现形态的意思。结合空间"有"与"无"的特性，"空间形态"可以看作是包含实体与虚体的有机整体的表现形式。在建筑学中，空间形态的概念强调空间界定下的建筑物的形态，以及在特定环境中建筑物被感知的场所范围，这是意识空间的展示，是对建筑物"辐射面"的主观判断，在虚实空间中表现信息的交流。因此，空间形态强调在主观及客观空间中生成的原因、组成的关系及发展的趋势，其主要目的是把握"形态"动态发展的空间本质。

对于人类聚居状态下"空间形态"的研究，始于20世纪40年代美国人文地理学的"聚落形态"研究。其代表人物是美国考古学家戈登·威利，他定义"聚落形态是人类在居住地上处理房屋布置的方式，以及与生活相关的其他建筑物的处理方式"[1]，将聚落

---

❶ 戈登·威利. 聚落与历史重建——秘鲁维鲁河谷的史前聚落形态 [M]. 谢银玲，曹小燕，等译. 上海：上海古籍出版社，2018.

形态表述为人类活动与生态环境相互作用的反映，并认识到聚落与居址形态对研究古代社会结构和政治体制演变具有较大影响力。其后，欧文·劳斯及格兰特等一批著名学者进一步确定了"聚落空间形态"的概念。聚落的形态是在一定自然力的作用下，通过人的活动在自然界中创造出来的空间形态。其形成与发展体现出一种人力与自然力相互作用与平衡的空间状态，以及人与自然的顺应与统一。凯文·林奇从认知与感知的角度界定了"城市形态"的概念，强调"空间形态"设计就是安排和组织各要素并使其空间连续，突出强调空间形态的可识别性。在建筑学领域，形态指一种结构性要素，体现着不同元素的排列组合或构成方式的不同，以其固有的逻辑相互关联，基于此，国内学者对传统村落的空间形态开展了较为广泛的研究。

那么，在湘中梅山区域传统村落空间形态的研究中，首先需要注重该区域传统村落中使用者的认知与感知，即村民们生产、生活、娱乐等行为活动，由此形成空间实与虚的表现形式。而空间的表现形式又受空间构成元素的影响，由其组合关系来综合决定。对梅山传统村落空间形态的研究，需要积极处理构成元素及其有机关系，以及其空间连续性的构成特点，重点塑造传统空间形态在独特的地域人文语境下的可识别性。对于传统村落空间形态要素结构性的研究，强调在空间时代性这种真实的语境下，其形态各要素在特定环境中的有机呈现。综合可见，对于湘中梅山区域传统村落空间形态的研究，需要深入探索其构成动因、构成元素及空间形态特征，实现传统村落物质空间形态与精神场所空间形态的有机融合，在设计中实现其地域性、文化性与时代性等特征的形态表达。

3.4.1 影响梅山传统村落空间形态的因素

传统村落空间形态是构成元素在自然与社会等外力综合作用下的空间建构形式，是在自然与社会共同作用下完成的。其中，自然因素对传统村落的影响是直接且直观的，而社会因素却复杂且影响深远。传统村落空间形态是传统社会活动的载体，并对传统村落社会活动有限制作用，而传统社会活动能促进传统空间形态的建构与发展，甚至是传统空间场所塑造的核心动力。在湘中梅山区域，传统村落以自然村落为基础，村落形态很好地结合自然环境，既尊重自然规律，也遵从人造形态的构成法则。基于影响梅山传统村落空间形态的两大因素（自然影响因素及社会影响因素），本小

节将合理运用传统村落"形态构成元素",结合这些传统村落的地势地貌、街巷路
网、建筑空间的各级关系及表现形式,运用元素分解与空间组合相结合的方法,探索
影响其空间形态规律、法则与秩序的自然因素与社会因素。

1.自然影响因素

自然地域范围内传统村落空间形态的形成与其周围的自然环境相互依存、相互影
响、长期互动,形成了稳定有机的空间形态关系。自然因素主要体现为梅山山地环境
对传统村落空间形态的限定与融合,是直接影响湘中梅山区域传统村落根据山地地势
地貌形成丰富的多尺度空间形态的因素。

以上团村为例,自然因素对其在区域组团尺度上的影响如图3-4-1所示。图中可

（a）平坦地势的竹园组团　　　　　　　　（b）平坦田地中的五房头组团

（c）依山而建的大房头组团　　　　　　　　（d）等高线较密区域的八房头组团

图3-4-1　上团村各组团空间形态图

以清晰地看到山地、田地、村落之间的基本关系，不同的山地标高反映了上团村各组团的空间组织关系。上团村主要的四个组团为竹园、五房头、大房头与八房头。四大组团空间形态受自然地形的影响，出现平坦开阔的布局与依山紧凑的布局两种形态。竹园与五房头组团空间形态因地势平坦而舒展，水平的地形使得空间尺度较大，且空间形态变化较多。大房头与八房头组团区域依山就势，沿不同的等高线而建，在竖向上追求变化，而在整体上有一定的趋同性。上团村各组团空间体现出不同的地形特点，空间形态具有独特性。

　　自然环境因素对传统村落整体空间形态的影响是直接且相对稳定的。传统村落自然而然地适应梅山山地地形，同时又在这种自适应过程中，对梅山自然环境进行着适度的改造。如图3-4-2所示，正龙村、楼下村、上团村与下团村的空间形态完全融于相应的环境中，其自然环境对整体空间的限定创造了自由的村落空间形态。自适应体

（a）正龙村四面环山　　　　　　　　　　　　（b）上团村地势平坦

（c）楼下村多水塘，自然布局　　　　　　　　（d）下团村依山面水

图3-4-2　四个传统村落的自然成因

系下的四个传统村落整体形态是迥然不同的。正龙村四面环山、用地局促，从而形态集中；上团村山势平缓、用地开阔，从而形态舒缓；楼下村三面环山且中心多低洼水塘，其形态呈三角形；下团村山势较缓且面积较大，其形态自然地依山傍水展开。千百年来，传统村落也对环境进行着适度改造，表现为传统村落与自然环境之间有清晰、完整的不规则边界，空间形态由中心或轴线控制，因复杂的梅山山地环境的差异性，呈现出团状、线状、三角状等多样的整体空间形态。

2．社会影响因素

传统村落空间形态的社会影响因素主要表现在其内在结构关系的复杂性，以及该区域社会文化的历史多变性。从某种意义上来说，传统村落是对社会功能环境中空间的形式表达，其形态反映传统村落内在的社会人文关系。具体到湘中梅山区域传统村落空间，其社会影响主要通过深远的传统宗亲、血亲、地亲等社会关系显现，这些沿革的人文因素对其传统空间形态的影响是连续的、根本的。结合该地域性"梅山文化"的共同影响，使得研究区域的传统村落空间体系呈现出丰富性和多变性。梅山区域社会、地域、人文、历史的诸多社会因素对其传统村落空间的影响需多角度、多层次地进行综合研究。

湘中梅山区域传统村落的社会影响因素是传统村落社会功能关系的联通、融合与变化，直接体现传统社会关系的功能需求，影响着传统村落空间的形状、大小与构成。本书将这些社会功能关系抽象为个体点与点之间的联系、家庭线与线之间的相交、族群面与面之间的基础组合关系。这样一来，抽象的点、线、面的疏密、长短、大小就直观展现出这些社会因素对传统村落形态的影响，传达朴素的地域精神。同时，这种传统村落的地域精神又以其社会活动、社会关系为纽带，反映传统村落社会人情关系，凸显传统村落空间形态的地域性社会特征。

另外，社会因素影响下的传统村落表现为该区域内人文历史空间的共性与特性，以及空间与当地人文的互动关系。湘中梅山区域传统村落最典型的文化影响因素是"梅山文化"，它是湘中梅山区域古老文化形态的动态存留。"梅山文化"对梅山区域传统村落的影响表现为宗教信仰、蚩尤尚武、生活习俗、梅山峒民的文化形式，这些文化因素都直接体现在传统村落的空间形态中。

3.4.2 梅山传统村落形态构成要素

　　研究湘中梅山区域传统村落的空间构成，主要从其边界、道路、节点、标志物、区域五大元素展开。传统村落整体的空间形态主要由边界围合形成，这些边界有时清晰有时模糊，它区分区域且影响空间形态。道路元素连接空间又分隔区域，这一线性元素在空间形态构成中具有确定的方向趋势，却有不固定的形态功能。节点和标志物都是村落空间的聚焦中心，有着各自的特色，使得梅山区域传统村落空间形成单一中心或多中心构图形式。区域元素也围绕这些中心展开并由其限定。传统村落空间构成要素分析是对特定传统村落地域性的深度认知，并结合村民情感、记忆、经历等，赋予其特定空间构成的识别性、归属性。传统村落形态各构成元素之间是互相呼应、彼此交融的。以下以湘中梅山区域入选"中国传统村落名录"的四个传统村落（奉家镇上团村、下团村，水车镇楼下村、正龙村）为例（图3-4-3），展开各要素的分析。

（a）上团村　　　　　　　　　　（b）下团村

（c）楼下村　　　　　　　　　　（d）正龙村

图3-4-3　湘中梅山区域四个传统村落的地形图

1．道路

传统村落中承担交通组织功能的各级道路是空间构成的骨架，研究中被抽象为线性元素，其主要功能就是联系村内外的交通，也联系着村民生产、生活的基本路径。针对传统村落中道路功能的重要性，对道路要素的研究以便捷性、可达性、方向性为主。同样，在湘中梅山区域传统村落中，各种道路串联着村民的生产、生活等场所，也连接着邻里乡亲的情感关系，村民各自的生活空间也由村路连接着。道路是传统村落社会、经济、文化交流的重要枢纽。交通道路的发展直接影响传统村落的发展，给封闭的梅山区域的传统村落建设带来了生机与便利。同时，便捷的交通道路也使得梅山区域古老的传统村落展现出了传统生活气息与地域文化魅力。

道路要素在传统村落整体形态构成中展现出独特的线性美，是适应山地地形的独特性表达。湘中梅山区域传统村落的道路呈现多维度的空间形态构成。首先，对传统村落道路系统进行尺度与空间分级，分析其与功能空间的有机关系，进行村落道路系统客观上的构成形态分析。分析该区域传统村落道路系统中各要素如山路、街巷、水街水巷等的空间尺度、空间层次和空间变化的基本规律，探索其构成原则及方法。其次，针对路网构成元素的分析不仅是几何量测，而且还需拓展到空间之间的拓扑、几何、实际距离等综合关系的研究。这些村落路网空间的构成不仅强调局部空间的可达性，而且强调整体的空间通达性和关联性。再次，研究传统村落的社会人伦、邻里关系等人文因素对道路系统形态的影响，进行村落道路系统主观意愿的构成分析。最后，总结研究这些传统村落立体路网系统形成的基本原理和方式方法。传统村落各级路网空间的构成要素之间都是相互联系的，要素间共同作用才能形成一个完整、有机、可持续发展的村落道路系统。

从村落的地形图中可以直观地看到，正龙村、楼下村、上团村与下团村的传统村落道路基本分为三级：主干路村级路（粗）、次级道路宅间路（中）和细支路田间地头的路（细）。这些路网很好地顺应了蜿蜒曲折的地形特征，有效地串联起村落各空间部分，起到了功能及形态骨架的作用，同时，展现出对应山地环境的处理方式：一种垂直于山地等高线，以坡地和台阶形式连接不同的功能空间；另一种平行于山地等高线，联系水平线方向上的不同实体空间。各级道路的交会处形成各种功能及形态节点空间，其空间尺度、构图序列都非常丰富。这些路网将村落的建筑、田地、菜园、鱼塘、远山有机联系起来，构成丰富而有立体感的村落形态。

基于鸟瞰图可将上团村、下团村、正龙村及楼下村的路网抽象为线性图（图3-4-4），路网有效勾勒出传统村落的整体抽象形态。在这些路网图中，粗、中、细三种线型元素围合形成了三类空间构图层次，这些线段依次连接不同的场所空间：村落整体、组团空间、个体空间。进一步分析可知，各层次路网相交又形成了各种尺度的节点，抑或在支路的端头也形成了小尺度的节点。如此形成的空间结构层次分明，尺度丰富，空间通达性较好，视域空间的视线开阔。这样，道路网真正形成了传统村落形态构成的骨架。在这些传统村落中，还有一个和村落路网紧密联系的线性元素——水道。从图中可以清晰地看到，这些水系往往都围绕主要的村落道路流淌，水

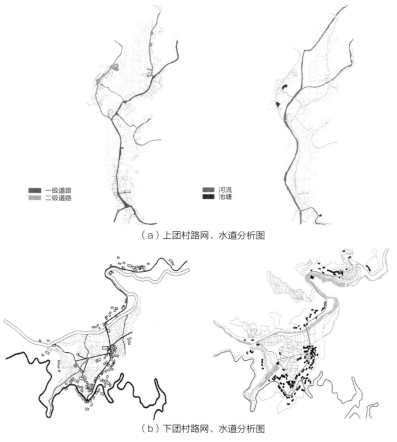

■ 一级道路　　　　　　　　■ 河流
■ 二级道路　　　　　　　　■ 池塘

（a）上团村路网、水道分析图

（b）下团村路网、水道分析图

图3-4-4　传统村落路网、水道分析图

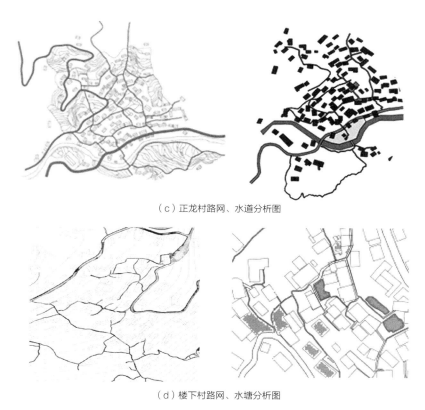

（c）正龙村路网、水道分析图

（d）楼下村路网、水塘分析图

图3-4-4　传统村落路网、水道分析图（续）

系的形态顺应着路网的形态，由此形成了一幅绿水环绕村落的美丽画面。在湘中梅山
区域，水量充沛、水系丰富，形成的水道是这些传统村落中重要的构成元素，也是这
一区域重要的农业场地——梯田的灌溉资源。水稻的田间地头均需要引水渠道。因
此，村落中有路的地方几乎都有水道相随，每家每户都有水塘，门前屋后也都有顺着
山地蜿蜒而下的溪水。

2．边界

通常意义上，边界在传统村落的主要功能是行政上的，依据历史沿革划分出该传
统村落的区域，这个区域不论是功能还是感知都是一个范围的限定，这就是边界。因
此，边界在形态上表现为一种线性元素。传统村落的形成、发展进程较复杂，彼此之
间的边界在行政功能上清晰存在，而在社会情感上却具有模糊性。在对梅山传统村落

边界元素的研究中，笔者按区域大小、功能、位置分类进行多角度、多尺度研究。梅山传统村落整体的区域边界就是通常意义上的行政边界线，这种行政划分是村落与村落之间约定俗成的、不容变更的客观事实。如图3-4-5所示，框线为正龙村与下团村的行政外边界，表示行政村落的最大范围界限。

　　区别于传统村落行政边界的是传统村落内部不同区域的边界，是依据空间的划分、不同功能或空间形态构成而形成的区域分界线。梅山区域传统村落中区域边界元素有竖向的、有横向的，或为实体边界，或为虚体边界。这些边界元素丰富多元，使得其空间围合相对复杂多变，但形态上仍是线性的。同时，传统村落内的区域边界通常是不同区域之间或不同介质之间的界线，如建筑物与田地之间就有边界，田地与菜地之间也有边界，水塘与地头之间也有边界等。这些不同的物质元素或相同物质元素之间均有边界，边界可以是一个区域与另一个区域之间可渗透性的屏障，如菜地的篱笆；也可以是不同区域互相联系、互相结合的接缝线，如连续、相似的山墙面。在某区域空间形态构成中，边界元素是多变的，在不同场所空间内界定不同的功能特征，这也是传统村落中最具有魅力的元素，多角色、多维度、多变化的边界让传统村落空间的层次丰富起来。因此，不同的边界元素是区域空间不同组合形态的线性介质，是把不同个性的空间围合到特定区域构图中的非常重要的特色元素。

　　上团村大房头区域内，边界是多个区域的过渡空间。这些边界受到不同区域的不同作用，是各种介质空间汇集的地方。从大房头的整体空间构成分析，将该区域划分为A、B、C、D、E、F、G七个介质空间，各空间的边界由于介质不同而变化（图3-4-6）。

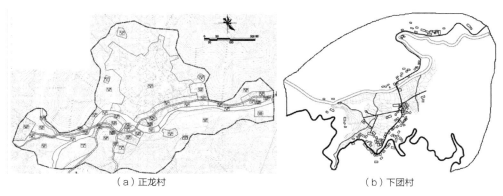

（a）正龙村　　　　　　　　　　　　　　　　（b）下团村

图3-4-5　行政边界分析图

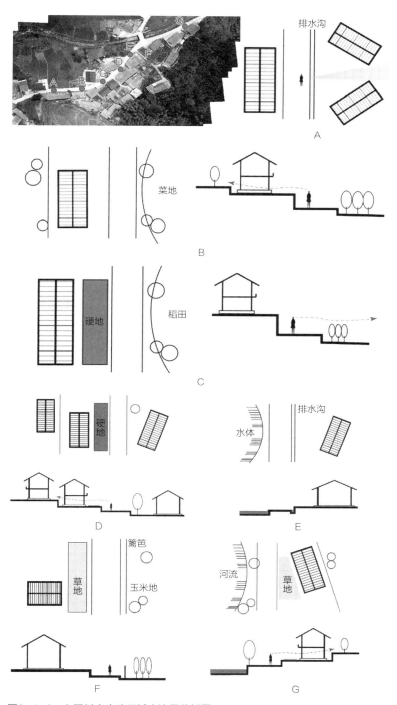

图3-4-6 上团村大房头区域内边界分析图

在这里，边界保持场所空间的稳定，限制空间内的扩张或限制空间外的侵入。因此，这些边界元素具有动感特征，同时各方向的张力强度并不一致。如图3-4-6所示，D、E地块上，左、右道路边界内的空间强弱不同，因此产生的作用力也不同，D表现为建筑物密集的部分张力大，E表现为建筑物的空间张力大于水平面。因此，不难分析出不同介质或同介质的边界张力是不同的。而且山墙面作为边界，分界性更明显，内外区域的连通只有通过少数几个门实现，是硬性的边界。而水面、树木界面的分界性较弱，甚至是内外渗透的过渡区，是软化的边界。从以上实例边界分析可知，传统村落区域内部不同空间都有边界，可以归纳为围栏、木栅栏等构成的硬质边界，或围绕周边山地地形的沟渠所构成的隐性边界，或非连续性的村门和牌坊等构成的象征性边界，或村落中将水塘、河流、坡坎、山坳、环丘等自然景观加以利用所构成的自然边界。不同元素构成不同性质的区域边界，这些边界也是变化的，它们围合的区域空间在功能与形态上的变化都会影响边界的界定。这些传统村落中也有一些区域没有明显的边界形态，但其空间同样具有领域性和归属感。

3. 区域

区域元素是传统村落中尺度相对较大的功能单元，区域形态表现为"面"元素。本书对区域元素的选取尺度为组团空间及其组合空间，研究其不同功能区域形态空间的构成肌理、形状、序列及相互依存的关系。在此基础上着重挖掘传统村落中能突出各自鲜明个性特征的区域构成元素，以及探索这些区域元素所形成的易于被人感知的"场所感"[1]。传统村落不同区域的空间场所均为村民们熟悉的生活、生产场地或场景，其功能、位置、形状、尺度是有差异的，体现不同区域的辨识度，村民们依据这种场所差异在一定范围内来识别自己的归属空间。这种可识别性是传统村落区域空间的重要特征与功能体现。

对湘中梅山区域传统村落的区域分析如图3-4-7所示。首先将这些组团区域界定为不同功能部分占据的不同尺度的空间范围。传统村落区域元素的界定范围不仅包含

---

[1] BAFNA S. Space syntax: a brief introduction to its logic and analytical techniques[J]. Environment and Behavior，2003，35（1）：17-29.

村落中有形边界如山体、河流等所限定的区域，也包括这些传统村落的资源地带如树林、田地等围合的区域。在湘中梅山区域传统村落中，山体常常成为自然村落的自然

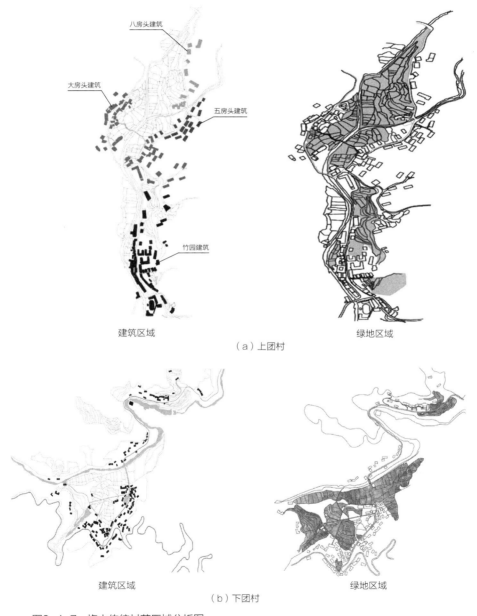

（a）上团村

（b）下团村

图3-4-7　梅山传统村落区域分析图

边界，也基本确立了其整体区域的尺度，这是客观条件形成的区域范围。这些传统村落内部不同区域的划分不仅受到自然客观条件的影响，而且受到传统村落社会主观因素的影响，如村民各自的空间归属感，村民之间族亲、血亲关系，以及生产劳作合作关系等。在传统村落社会里，村民对各功能区域有绝对的划分权，同时这种族亲、血亲关系界定了生产、生活区域的领域性。在与梅山传统村落村民的相处和走访调研中，可以分析出这些村落中人与人之间的交流实际上是亲情范围与公社范围之间的重合与叠加。这些重叠区域的尺度不尽相同，影响尺度大小的因素应该是村民关系的亲疏程度。

另外，在湘中梅山区域传统村落中，不同组团之间是相互关联的。进一步分析可知，不同形态的建筑区域组成的领域有不确定的有形边界，领域边缘也会有一些空间区域的交叉重叠。在图3-4-7中，上团村和下团村的几大建筑组团可以由疏密关系看出该领域空间是亲戚还是同宗关系，而不同建筑组团并没有明确边界，基本为交叉开放空间，领域之间不断有空间渗透。建筑组团的疏密程度成为村民活动轨迹远近的参照。建筑组团之间有相互连接的区域（居住区域、公共区域、景观区域），形式是疏密有致的，形成的空间层次非常丰富。

4. 节点

节点是这些传统村落中各功能空间及主要元素的连接点，节点的形成在不同程度上表现为村落空间的汇聚点、浓缩点，有的节点甚至是区域空间的中心或核心。节点空间有凸空间特征，使用者在节点空间中多为集聚交流。它的形成方式分为自然形成与人为形成：自然形成的多为自然节点空间，而人为形成的则是由人多角度聚集而成。如图3-4-8所示，在上团村中，节点通常是该村落占主导地位的特征空间，是结构与各功能的转换处。例如，大房头道路的连接点、五房头村委会广场、竹园荷塘景观、八房头集中稻田等特征集中点，是环境中较突出的或与周围明显不同的实体或空间，强调了空间的场所性，明确了归属性。

节点空间多为行为活动聚集而成，因此可按照行为活动分为生活活动节点、生产活动节点与社会公共活动节点。生活活动节点主要是为满足生活需要而形成的中心，包括散步、呼吸新鲜空气、驻足观望的街道、广场等；生产活动节点主要是为完成生

图3-4-8　上团村节点分析图

产内容而形成的村落节点，如市集、梯田等；社会公共活动节点主要包括祠堂等在社会活动中占据中心位置的场所。这些村落节点并非村落几何形态上的中心，其位置是结合功能而形成的相对集中的空间，如图3-4-9所示。

另外，节点空间非常重要的特征是强化了空间的存在感和场所感。在传统村落中，节点可以是简单的汇聚点，当节点与道路联系时，这些汇聚点通常就是道路交叉处。当村落节点与区域联系时，节点因为是某些功能空间的中心，从而形成行为中心，成为某一区域辐射影响力的焦点，并作为整个地区的缩影成为一种象征标志，

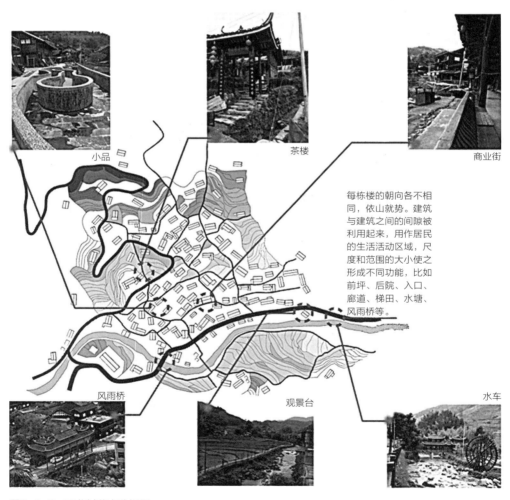

小品

茶楼

商业街

每栋楼的朝向各不相同，依山就势。建筑与建筑之间的间隙被利用起来，用作居民的生活活动区域，尺度和范围的大小使之形成不同功能，比如前坪、后院、入口、廊道、梯田、水塘、风雨桥等。

风雨桥

观景台

水车

图3-4-9　正龙村节点分析图

如图3-4-10所示的观景平台或围合广场。当然，节点可以是枢纽、道路岔口或会合点，也可以是从一种空间结构向另一种空间结构转换的关键环节。

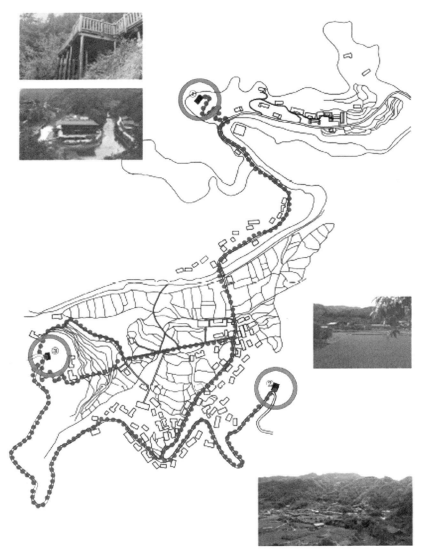

图3-4-10　下团村节点分析图

5. 标志物

在湘中梅山区域传统村落中，标志物多是点状参照物，它们一般是初步认识这些传统村落的有代表性的建筑物、构筑物、场景或景点。标志物一个很重要的特点是唯一性，在整个环境中有标识性，与其场所内相关元素相互作用，构成一个有特性的空间集合体。传统村落中标志物的空间标识性具有两个特性：其一，标志物在村民的生产、生活过程中，全部或大多数都与村民有联系，这是标志物的公共性；其二，标志物是传统村落空间形态体系中仅有的一个或少数几个特殊的物质空间形态，这是标志物的唯一性。公共性与唯一性共同形成了标志物在传统村落空间体系中的社会属性与物质属性。因此，传统村落空间体系中的标志物可以是视觉的中心、行为活动的中心、精神心理的中心和权力统治的中心等，这些中心是可以被大多数人看到的物质存在，并能够成为标志或定向的参考物。在湘中梅山传统村落中的标志物通常为村民的集散中心、商业中心、旅游服务中心等有特征的建筑物，如图3-4-11所示。

（a）入口　　　　　　（b）上团村红二军团遗址　　　　　（c）院前广场

（d）下团村河心岛　　　　　（e）正龙村古戏台　　　　　（f）楼下村仅存进士院落

图3-4-11　梅山传统村落中的标志物空间

3.4.3 梅山传统村落空间构成特点

　　湘中梅山区域传统村落空间构成特点的形成，基于自然梅山地形的两种营造脉络，其一是顺应自然、气候环境的空间营建方式，其二是对自然不利条件进行适当改造的营建方式。大多数情况是两种方式的结合。在漫长的发展过程中，传统村落的整体形态体现着不同时代背景下的阶段性特征与差异性，并形成了一定的演变模式。总体上，每个村落内部都呈现出差异性和公共性逐渐趋同的现象。

　　湘中梅山区域传统村落中，村落空间特点形成的主角是村民，他们的心理和行为特征塑造了传统村落空间整体构成特点。传统村落空间形态受到个人生活和家庭关系独特性的影响，也受到特定时代村落社会关系的影响。湘中梅山区域村民的个体性与传统村落的社会性相互作用，使其空间特征既体现村民的个体直觉，又表现村落集体的需求和关系。村民的场所空间直觉是村民对物质空间表现的主观感受。村民的行为路径与领地之间建立了空间关系，这样，村民的主观能动性就形成了传统村落空间特征的可识别性。梅山传统村落的公共空间是为了达到集体特定目的而产生的公共活动场所，具有社会空间的归属性。传统村落的集体活动在公共空间场所内发生、聚集、传承，空间的各种物质和非物质要素的集合构成给人以传统空间的归属感。

　　本书主要从功能、位置、次序、限定、空间层次几个方面来探索其空间构成。传统村落空间的功能，主要表现为社会结构与村落物质形态的功能抽象，如宗族体系中的族、房、支、户和基本家庭构成状况，这些是按照一定的血缘关系联系起来的，这种相对稳定的亲缘关系导致建筑基本功能基本相似。村落中相应的宅院、街道、广场等，有一定的空间位置关系，公共建筑基本位于节点处，也是视线的焦点。而居住建筑相对来说位置比较自由，出发点仍以生产、生活的便捷为主。传统村落的空间次序是有严格的主次关系的，表现出村落社会生活的伦理关系，如有受长幼有序关系影响的格局，也有受社会地位影响的格局。在传统村落中，社会秩序反映了空间元素之间的构成结构，同时也体现了空间之间的限定关系，在空间层次上主要表现为传统村落结构内部之间的对应和变换关系。传统村落空间层次的划分以空间关联度为基准，这种关联度主要分为血亲关系（紧密关系）、宗亲关系（次级关系）、村委关系（疏远关系），不同的空间层次反映区域各部分之间的紧密程

度。如图3-4-12所示，所处地形为双坡的传统村落与单坡的传统村落构成的空间
特点不尽相同，双坡村落空间围合度高，空间次序格局疏密有致、区分度高，空间
层次更为丰富；而单坡传统村落空间更开阔舒展，空间次序较为单一、均匀，基
本反映单一族群关系。即使同是单坡空间，其构成特点也不尽相同，如图3-4-12
中（b）（c）所示，上团村的村落空间构建得水平舒缓且形式集中，关联度高；而正
龙村的空间依垂直度较高的山势而建，空间构成以竖向为主，形式疏密错落且别具
一格。

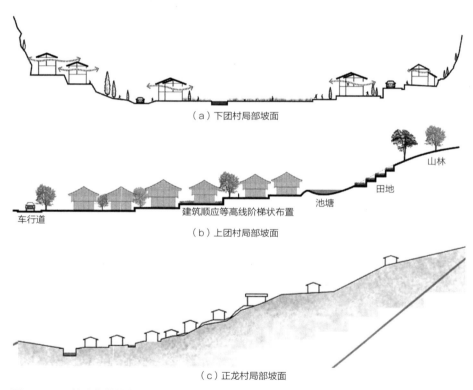

（a）下团村局部坡面

（b）上团村局部坡面

（c）正龙村局部坡面

图3-4-12　梅山传统村落局部坡面构成示意图

3.5
梅山传统村落典型类型及其空间组合

3.5.1 梅山传统村落空间组合概述

自2013年以来，中国对传统村落保护发展的重视程度达到了新的高度。各专家、学者针对自然景观环境特征，以及村落的整体特征、传统建筑特征、人文环境特征等，综合分析传统村落空间组合特点，评估传统村落的保护价值❶，整理、归纳、分类、研究各传统村落的空间类型、空间关系、空间形态、空间结构及空间组合等营建原理、规律与方法。

湘中梅山区域传统村落通常是由较近的几个自然村通过行政划分而成，这些自然村几乎拥有同一姓氏，在历史上是有利于推举同宗贤能管理镇村的，现今是最基层的行政单位。梅山传统村落的整体形态主要依据梅山自然地形地貌特征而形成，本书将其分为三种基本类型（高山梯田型、盆地田园型与丘陵河岸型）来进行研究。这些不同类型的传统村落空间由多个形态功能各异的组团空间组合而成，且组团空间内部的道路、边界、区域、节点、标志物等构成元素基本完整。研究将其标定为传统村落整体空间的基本构成单元，以研究传统村落整体尺度下的空间组合规律，且进一步研究在组团空间内形成的，或集中或分散的、独具地域性与文化性的空间组合形式，挖掘其在整体观下各尺度空间的地域性、文化性。

在湘中梅山区域传统村落中，经研究归纳，组团空间的组合形式基本分为集中式与分散式两种。

集中式组团内的基本特征为：村民聚集而居，建筑紧凑布局，从几户到几十户大小不等地集中在一起，共有一池荷塘、一座山头、一畦稻田、一片菜地等。这种组合的功能优势在于村民聚集程度高，邻里间距小，便于村民相互看护，提高邻里安全性，促进邻里关系。集中式组团的空间构形中，建筑是主体，其空间关系紧密，结构

---

❶ 住房和城乡建设部：《关于做好2013年中国传统村落保护发展工作的通知》。

紧凑，且通过道路、街巷、院落等空间联系，并结合组团内地形地势条件，将各建筑空间进行线状、面状或辐射状组合，形成各自独特的场所空间形态。同时，集中式组团与周边环境之间的边界一般都非常清晰。集中式组团的中心一般都有明确的可识别性标志物，呈现向内聚集的形式，组团空间的中心感和围合感较强。

第一种线状布局，是组团呈现条带状或者线状的布局形式。组团内各建筑沿着村路或者河流、水道的方向展开，也被形象地称为鱼骨形。各空间构成元素沿线状村路、河流首尾相接，有节奏地分布，空间舒展而灵动。线状布局是湘中梅山区域传统村落组团的重要组合形式。

第二种为面状布局。在湘中梅山区域不规则山地地形的影响下，部分组团空间呈不规则的面状形式。组团用地局促，组团内各方向的距离大致相近，布局较为紧凑。村落内建筑集中，道路短接，以公共建筑作为中心，局域空间围合度高，邻里关系密切。

第三种为辐射状布局。在调研分析中，下团村围绕中心水塘组成的空间是典型的辐射状布局。建筑环绕着水塘中心展开，其他建筑沿等高线向心分布，中心感十分强烈。由于地形条件限制，这种组团布局较少见。

分散式组团的基本特征为：建筑零星分布，相互之间距离各异，布局相对自由松散。这一组合形式主要受自然地形因素影响，也积极表达了村民生产、生活及其周围环境的相互关系。分散式组团一般又因自然、功能及空间结构的不同而各异。

第一种为自然分散布局。这种组团空间形态一般受限于周边的环境，散落其间，只因地势限制大，建筑以点状独立分布，组团之间的边界不是很明晰。

第二种为功能分散布局。组团空间的中心感不强，中心元素不突出，多为居住建筑，组团内缺少作为中心标志物的具集聚功能的公共建筑。

第三种为结构分散布局。组团内邻里关系松散，建筑之间联系不强，其他构形元素的围合感也不强，导致组团空间的整体性较差。

3.5.2 高山梯田型——以正龙村为例

1. 历史沿革及地域特征

据《新化县志》（1996年版）记载，水车镇正龙村原名镇龙村。民间传说此地有龙藏于山间，惊扰百姓，村民只好求助神灵梅山祖师——张五郎，即梅山公公。最终巨龙被夹于两山间的溪河中，就此形成了正龙村现在的形态，同时，整个村落恢复平静，云见天开，因此取名为镇龙村。在唐朝时，梅山出了个风水先生，观星探月，将镇龙村改名为正龙村，且一直沿用至今。

2014年，湘中水车镇正龙村被评为中国传统村落保护单位，是中国100个最美休闲乡村之一的"特色民居村"，其梯田农事景观是140个中国美丽田园之一、国家级宜居村庄。正龙村坚持以"保护为主，适度利用"的基本原则，秉承"古村更古，古村要活"的核心理念，按照"田人合一"的理念，积极进行了正龙村传统空间的保护。

正龙村在地理上拥有梅山与紫鹊界梯田的资源优势，形成了独具一格的传统村落空间形态，如图3-5-1所示。正龙村是先秦遗存，历史悠久，文化底蕴深厚。因位于独特的高山与梯田地势中，村落建筑大多依山且布局集中，主要建筑大多分布在海拔800～1000m之间。正龙村的梯田分南、北两向，占据大部分面积，村落建筑依山围绕梯田空隙布局。村落地势最低处是横贯全村的习溪河，习溪河上有已修葺好的两座风雨桥，沿河风光独好。贯穿正龙村的习溪河为南、北梯田的界线，河里水车的巧引巧灌重现了古代劳动人民灌溉梯田的场景。

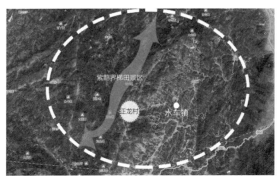

图3-5-1　正龙村地形图

2. 正龙村空间组合

众所周知，梯田是在坡地上沿等高线建造的阶梯式农田。千百年来，面对高山峡谷的生存空间，湘中梅山梯田地区的农民创造出一整套适应梯田生产、生活的丰富经验。充分利用自然条件，把传统农耕生活与梯田紧密结合起来，形成了独特的梯田人文景观。正龙村地处具有两千余年历史的秦人古梯田——紫鹊界梯田区域中，梯田成为正龙村最重要的空间布局要素。村落整体布局因山就势，集中布置在梯田脚下，在保留原始形态的同时，也是村民长期生活、耕种、繁衍的空间场所，形成与高山梯田密不可分、息息相关的梯田文化特性。正龙村空间形成较早，拥有丰富的传统内涵，保留了较多的历史遗迹。正龙村是典型的高山梯田型传统村落，具有高山梯田型传统村落的空间关系，主要从组合要素、组合方式、空间构成三方面展开。

（1）组合要素

本小节以正龙村的建筑、标志、场所、边界、道路五大构成要素为基础，研究正龙村不同功能空间各构成要素的关系，即中心—场所、方向—路径、区域—领域之间的有机关系及其空间组合的方式、方法，深入研究其内在的传统空间组合的规律、原理。

现在的正龙村如图3-5-2所示，是一个拥有两百多年历史的传统村落。正龙村村

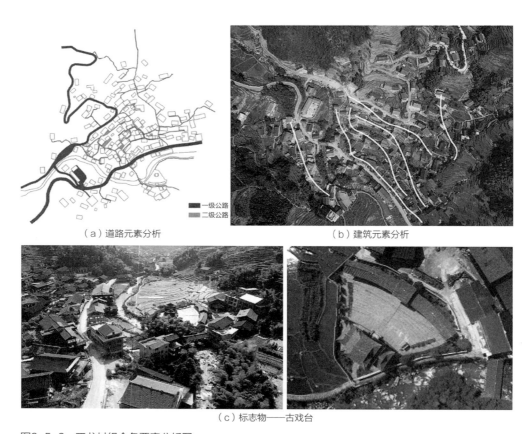

（a）道路元素分析　　　　　　　　　　　（b）建筑元素分析

（c）标志物——古戏台

图3-5-2　正龙村组合各要素分析图

口设在梯田半山腰的位置，有进村的唯一的车行道，紧紧沿着村路的是习溪河。整个村落完整地聚集在梅山山坡上，四面梯田环绕。正龙村范围直径300余米，村民住宅只有200多栋，它们沿等高线自由布局，依山顺势，相互交错。各级村道作为村落的交通骨架，平行或垂直于等高线蜿蜒分布，联系着山间各区域的村落组团，最终汇聚通达山脚下习溪河边的主干道。路网的基本形式有放射状、交织状及带状等。村落道路的汇集点为正龙村的几个集会广场，联系几个集会广场的是一条商业街，顺着山势延伸到山脚下的习溪河边。正龙村的村前、村后均有梯田分布，形成了正龙村特有的梯田景观。

（2）组合方式

正龙村采取依山就势、保土理水、就地取材的营建原则，保护着自然格局与特征。全村基本由六大组团组合而成，巧妙利用地形环境与建筑相适应。各组团位于山地不同区域，结合不同的地形地貌，呈现千姿百态的空间组合形式。正龙村的组团空间如图3-5-3所示，六大组团依据山地而建，受地形的限制较大，基本组合呈集中形与鱼骨形两种。村内各组团顺着等高线将不同高差的建筑组合起来，在遵从原有的地形地貌的基础上，合理利用岗、谷、坎、坡、壁等梯田坡地特有条件，灵活布局以形成自由开放的局域组合空间。村落道路蜿蜒曲折，层层跌落的组团空间层次分明，构建了高低错落的多层次竖向空间环境。

（3）空间构成

正龙村的整体空间构成充分发挥了传统村落功能结构、朝向日照、绿地景观及建筑等指标因素，与自然地形形成多元、多层次的复杂的空间关系。综合分析可知，正龙村整体空间的构成遵循如下几个原则：①因地制宜原则。根据地形环境的自然性，采取适宜的营建方式。由于地处梯田区域，宅地一般以前朝田垅、背靠小山坡为宜。建筑空间组合较为丰富，围合的空间也多元多样。②依山傍水原则。即所谓"进山观水口，登山看明堂"，注重与山地河道形成相得益彰的整体空间结构形式。③顺势理气原则。空间营建注重朝向日照，以利于空气流通，聚气凝势。④改造环境原则。正龙村在梅山梯田上建村，需要适当改造周边小环境，以满足村落功能结构上的需求。正龙村整体空间构成顺应山形水势，由乡间道路、水塘、陡坎或田埂等作为联系纽带，构成独特的空间形态。

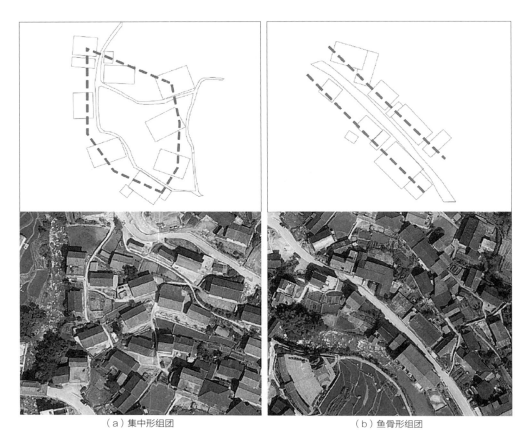

（a）集中形组团　　　　　　　　　　　　　（b）鱼骨形组团

图3-5-3　正龙村组团组合分析图

3.5.3　盆地田园型——以上团村为例

1.历史沿革及地域特征

上团村、楼下村的空间形态属于盆地田园型。但楼下村经历了几次大的损毁，整体空间形态也受到破坏。比较之下选取上团村作为此类型案例进行研究。上团村地处新化县西部边陲，是一处四面环山、坐落于梅山盆地的古朴小村（图3-5-4）。上团村有史料可追溯到宋熙宁四年，即公元1071年，"先有古梅山，再有新化县"。上团村建村至少有上千年的历史，属于古"梅山蛮"；而且这里有国家级文物保护单位红二军团旧址，是一块革命烈士血染过的红色基地。

上团村具有较高的历史文化价值，而且村落的整体风貌、村中传统建筑及其环

图3-5-4　上团村全貌

境、历史村落基址等均保持原貌，未有大的变动，是湘中梅山区域最早入选的国家级保护名村。同时，上团村有红色革命的时代印记，也是该村落"梅山峒人"坚毅性格的重要体现。上团村既保留着地域文化的多样性，又传承了各个时期"梅山文化"的传统。

2．上团村空间组合

（1）组合要素

研究上团村的空间组合规律及原理，首先要依照构成要素分析不同的图底关系，着重研究空间要素之间的有机关系。地处梅山山脉盆地中的上团村，是典型的盆地田园型传统村落。本小节在通常的五大元素基础上，归纳出独具上团村特色的建筑、道路、边界、绿地等几个主要构成元素，依据盆地与田园地形，再运用各要素构图原则，研究其村落空间整体与局部组合关系的方式、方法，逐步归纳这一典型传统村落整体空间形态的形成原理与规律。

在对上团村空间组合元素的研究中，对建筑元素的分析依然是首要的，如图3-5-5所示。建筑元素的分析主要从功能与形态两方面入手：从功能上分为居住建筑与公共建筑，从形态上分为一字形、L形、U形三种。标志物是上团村空间体系的中心，标志物具有公共性与唯一性两个特性。在上团村，标志物基本为村落中的公共建筑，其公共性体现在公共活动过程中能将大多数村民集中关联；唯一性体现在物质形

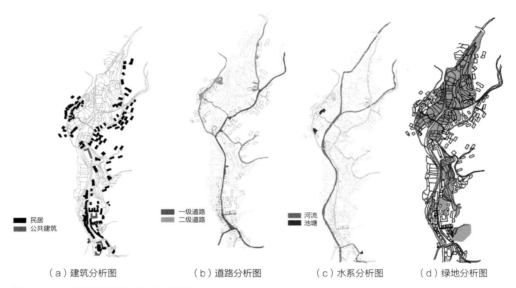

图3-5-5 上团村空间构成元素分析图

（a）建筑分析图　　　　（b）道路分析图　　　　（c）水系分析图　　　　（d）绿地分析图

态上，它是空间体系中仅有的独特空间。上团村的空间体系中有视觉中心、行为活动中心、精神心理中心和权力统治中心等，并能够成为标志或定向的参考物，如红二军团遗址、祠堂、村委会、小学。上团村的道路相对简洁，分为两级，由于地处山脚下，道路相对平整开阔。村落道路是村民生产、生活的主要路径，提供交通功能，并且是上团村空间形态构成的基本骨架。与上团村路网平行的方向还有河流元素，在村落中起到了柔性纽带的作用，亦动亦静地将上团村的空间串联起来。上团村具有典型的盆地田园型空间布局的特点，其区域要素主要为绿地、田园，各功能空间均围绕绿油油的田地集中布局。上团村各区域平坦开阔，视线很好，各区域之间也有田地相连，景观、空间等连续性较好。

　　综合分析盆地田园型传统村落上团村的空间构成元素可知，该村落集中体现了尊重自然地形、保留自然田园耕地中心地位的布局特点，遵从了尊重自然、尊重环境、尊重传承的原则。研究传统村落空间布局、形态、景观等与盆地田园地形的有机关系，以及在宏观尺度下空间构成各元素边界、节点与建筑元素的组合构成关系，都是研究传统空间形态的重要方法。

　　（2）组合方式

　　上团村保留较完整的组团空间有竹园、大房头、五房头和八房头四大区域。盆地田园型传统村落的组团因地形地势平坦开阔，故形式、形态灵活多变。从图3-5-4中可直观看到，上团村各组团基本位于梅山山脚下盆地的平坦基地上，水稻耕地也是在大片平地中，这与正龙村的梯田耕种有较大区别。各组团空间营造遵循注重水脉、保土理水、就地取材的原则，保护自然格局与活力，反映梅山盆地田园型村落与自然环境的和谐关系。以红色革命文化遗产红二军团遗址建筑为核心节点的竹园组团，更是体现了地域文化的精髓。五房头、大房头、八房头组团结合建筑布局，注重建筑与自然盆地田园景观关系、组合节点关系及其空间结构关系，形成了独特的鱼骨形、带形、集中形等空间形式（图3-5-6）。各组团内建筑形式多样，有一字形建筑、L形建筑、凹字形建筑、四合院等，依据道路网营造了关系多变的节点空间，构成了较为丰富的景观节点，组团空间的识别性较强（图3-5-7）。

（3）空间构成

具有盆地田园型典型地域特点的上团村，是湘中梅山区域最早被列入保护的典型传统村落。上团村建村年代可追溯到先秦，传统村落环境、风貌、布局历经千年均未有大的变动，具有独特的梅山民风民俗。上团村的整体空间构成集中体现了农耕生活特点，其间蕴藏着丰富的历史信息和文化景观，是梅山地区农耕文明留下的鲜活实例。上团村的绿地非常丰富，从剖面图中可以直观地看出，其建筑多位于平坦之地，或有高差，也是较为舒缓的台地。周围山体环绕，显现出典型的盆地田园特征（图3-5-8）。

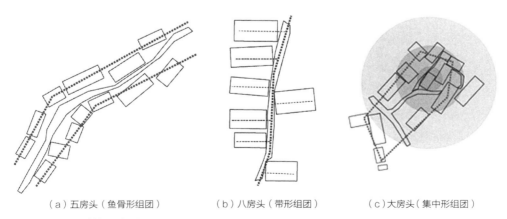

（a）五房头（鱼骨形组团）　　　（b）八房头（带形组团）　　　（c）大房头（集中形组团）

图3-5-6　上团村组团类型

（a）鸟瞰　　　　　　　（b）景观与建筑关系

一字形
四合院
凹字形

道路节点

（c）建筑形式分析　　　（d）道路分析（鱼刺状+网状）

图3-5-7　上团村组团组合分析图

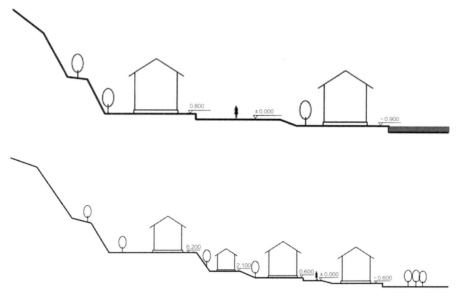

图3-5-8　上团村空间构成分析图

3.5.4　丘陵河岸型——以下团村为例

1. 历史沿革及其地域特征

　　下团村位于新化县奉家镇，村子里栽满了各种桃树，成为桃花覆盖的村庄，素有"古桃花源"之称。这里最早为瑶族人聚居地，宋、明时期为汉族聚居地直至现在。下团村地处梅山山脉中段奉家山系，山地丘陵特征明显，面积达12万亩。新化县奉家镇下团村位于梅山区域海拔200～500m处，由连绵不断的低矮山丘组成。下团村中的水系是渠江的分支下茹河，下茹河流经的梅山中段较开阔的丘陵地带便是下团村的建村地，具有典型的丘陵河岸型特征。下团村村民大多数是"奉"姓，在当地，"奉"是"秦"字避讳变体而来。村民历代的族谱记载其为姬昌的后裔，村中的奉氏宗祠里仍供奉着这位始祖的画像。

　　下团村地形如图3-5-9所示。由等高线可知，下团村自然山势较为平缓；下茹河是全村的纽带，沿着河岸串联起整个村落的各功能空间。全村集中的四大组团均沿河线性分布，依据等高线的不同层层叠叠，交相呼应，构建了舒展蜿蜒的村落空间形态。下团村的整体空间形态呈现出与自然环境共生共存，尊重自然地理气候、地形地

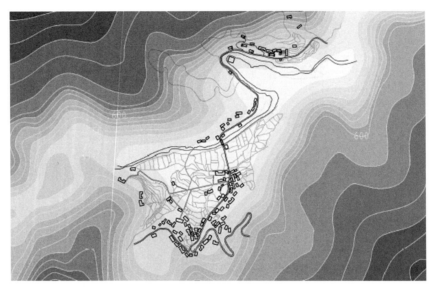

图3-5-9　下团村地形分析图

貌、水文地质等特征。与丘陵河岸地形直接衔接的契合关系，使得下团村村落空间组
合变得丰富，层次感很强。

2. 下团村空间组合

（1）组合要素

基于下团村丘陵河岸型村落空间特点，结合一般意义上的空间形态五要素，从而
可分析提炼出下团村四大空间组合要素：建筑、景观、道路与水域。如图3-5-10所
示，各空间组合要素被单独绘制成图示，呈现出各自特征及其与地形形成的图底关
系。其中，建筑要素是最核心的，图中黑色方块可清晰地表达建筑在村落中的位置、
疏密关系、形态特征。景观要素为深灰色部分，它是下团村"古桃花源"文化可持续
发展的重点，是村落空间的中心及节点元素。道路要素依然是村落的骨架，图中用浅
灰线表示，依功能分为主次两级。河道是下团村形态的重要组合要素，图中用深灰色
线表示。各要素之间共融共筑，形成下团村整体有机的空间形态。

（2）组合方式

下团村整体空间按地形沿河道分为四个组团，它们从南至北分别是村落入口处的村
委会广场组团、中心水塘组团、奉氏祠堂组团、下茆河组团（图3-5-11）。结合当地地

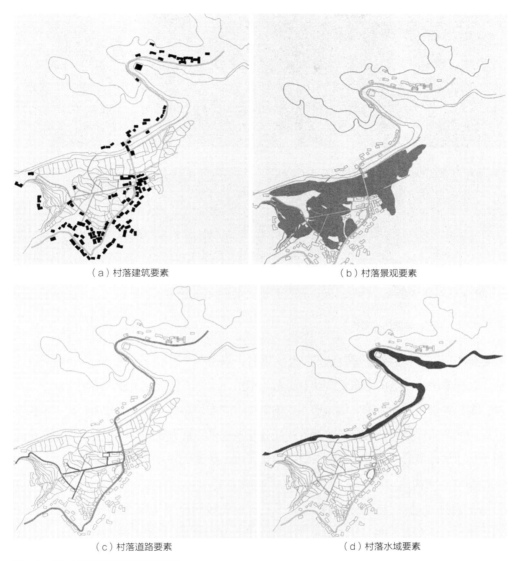

（a）村落建筑要素   （b）村落景观要素

（c）村落道路要素   （d）村落水域要素

图3-5-10 下团村空间要素分析图

域传统"古桃花源"文化的需要，下团村各组团围绕景观中心构建了独特的空间层次。
各组团内均有代表性的公共空间，以此为基础，居住建筑以单独形式零星地分布在合理
的等高线上，层次分明。建筑物严格控制为一层或两层建筑，并且与丘陵地形有机衔
接，形成连续且有序的空间组合关系。下团村村落组团布局以集中式为主，只有下茆河
组团依据河道形态以线状空间形态舒展开来。从图中可清晰地看到，村委会广场组团中

（a）村委会广场组团（面状）　　　　　　（b）中心水塘组团（辐射状）

（c）奉氏祠堂组团（分散式）　　　　　　（d）下茆河组团（线状）

图3-5-11　下团村各组团空间图

广场依小山坡形成高差，居住建筑围绕其展开，稻田在北边形成开阔空间。中心水塘组团中各要素围绕水塘向心布置，从左至右为稻田、水塘、建筑、山丘，组团空间井然有序。奉氏祠堂组团为分散式组合形式，祠堂位于中部较高处但并没有被中心化，稻田及其周围的建筑地势较低，位于较高处的几处建筑也以祠堂为视线中心布置。下茆河组团位于下团村落最北边，沿河道松散地串联在河边，呈线状组合，自由而舒展。

（3）空间构成

下团村通过各空间要素的有机联系，依据丘陵河岸地形依次将稻田、建筑、水塘、绿地、丘陵等村落元素营造成连续的空间序列。构成方式随自然环境而变化，既具有统一性又具有多样性。下团村的整体空间构成是在长期营建实践中形成的，以建筑空间为核心，能动地处理村落道路、河流、绿地梯田等元素与建筑空间的多样关系。同时，合理运用丘陵高差构成水平与垂直交错的空间序列。其中，绿地农田适应丘陵特征，为地势较缓的梯田，层层环抱各种建筑，使整个村落空间更加立体，独具地域特色。而山脚下环绕着的下茆河，呈几字形贯穿整个下团村，赋予村落空间以灵动性。三处景观平台的建造凸显出下团村中河流、丘陵、稻田、绿地的核心空间，结合不同的建筑空间，构成了整个下团村的地域与文化特色。

第 4 章

湘中梅山区域传统村落
公共建筑空间研究

　　湘中梅山区域传统村落建筑空间主要由公共建筑空间与居住建筑空间组成，其中，公共建筑空间与公共景观空间共同组成传统村落的公共空间。在传统村落中，公共空间承载了不同历史时期的传统公共活动、公共功能及公共场所精神。公共建筑是公共空间的核心和实体，并以直观的物质空间形式、空间功能、空间场所来呈现传统村落地域性、文化性、时代性的空间属性。在历史时间序列下，结合自然与社会多种复杂环境因素的影响，公共建筑与公共景观综合构建了具有梅山传统特征的公共活动场所。本书强调公共建筑是公共空间的核心，并以村民的集体行为活动为动态因子，深刻剖析公共建筑空间，促进传统公共建筑的保护与传承。

4.1
梅山传统村落公共建筑空间概述

　　公共建筑营建了公共空间场所，为人们提供开放、自由的公共活动场所，实现集体社会公共精神层面的体验感知。坂本一成对建筑空间场所的感知这样论述：建筑空间可以由不同形状、不同标准获得场所感，建筑空间可以在物理空间上被体验，也可以在概念层面上被感知；并强调"建筑空间场所不应该是咄咄逼人的"。正如传统村落的公共建筑，有着朴素的建筑形式，其空间形式也是自由的，充满乡情和世俗体验的感知，营造了传统、熟悉、平凡的可识别性与归属感。

　　传统村落是村民们长期聚居生产、生活、活动的场所，包含集体的、公共的和私密的三层含义。聚居区域、聚居空间、公共建筑与居住建筑共同构成聚居的总体环境并实现传统聚居的意义。传统村落中的公共建筑是构建传统村落聚居环境的重要内容，以实现传统村落聚居的公共性含义。本书以传统村落公共建筑空间为核心，结合公共景观及其环境，从多层次、多角度研究其构成、解析与营建。依据"两观三性"

理论，积极探索梅山传统村落公共建筑空间的地域性、文化性与时代性的特征表达。运用类型学、空间结构学、形态学等建筑语汇，通过建筑图示来准确表达其公共建筑的各种空间形式，以及各类型公共建筑的空间组合、建筑结构、建筑工艺、建筑装饰、空间营建等内容。同时，结合研究传统村落的公共景观空间，强调顺应自然，充分尊重当地自然地理环境，顺应地形地势的节奏变化，深入探讨其公共空间的梅山乡土人文内涵。

在湘中梅山区域传统村落中，公共建筑的主要类型有祠堂、戏楼、风雨桥、学校、商业街巷、村委会及其广场等典型类型。这些公共建筑是对古老传统村落建筑活动的文化传承。古梅山"堪舆术"以五行八卦、天干地支来勘测地形。其中五行以木为东、火为南、金为西、水为北、土为中；八卦以离为南、坎为北、震为东、兑为西；天干以甲乙为东、丙丁为南、庚辛为西、壬癸为北；地支以子为北、午为南；以东方为青龙、西方为白虎、南方为朱雀、北方为玄武，亦为左青龙、右白虎、前朱雀、后玄武。营建原则尤其讲究"适中"，即恰到好处，不偏不倚，不多不少，尽善尽美，体现在传统村落布局中即以重要公共建筑为中心，讲究阴阳平衡、虚实相生的空间特质，体现梅山属性。

梅山传统村落的公共建筑是具有梅山独特地域性、文化性、时代性的空间场所，它们集中体现了村民集体活动的行为特征。在这些传统村落中，村民们的三五成群的集结与活动往往都是相对随意的，邻居之间相互攀谈、茶余饭后四处闲逛、街头巷尾闲聊等生活场景均是传统村落公共建筑空间要容纳的内容，可体现其场所精神。梅山传统村落的公共建筑空间，有满足村民们闲散生活需求的场所，如商业街巷、风雨桥、村委会等；也有表达深厚传统文化、精神传承的场所，如宗祠、戏楼、遗址建筑等，如图4-1-1所示。

图4-1-1 湘中梅山区域传统村落典型的公共建筑类型

4.2
梅山传统村落公共建筑空间解析

　　公共建筑在村落整体空间构成元素中，是极具开放性的活跃因子。公共建筑从建筑形态、建筑功能与建筑环境等方面，积极营建与自然、社会、集体的公共有机关系。梅山传统村落的公共建筑空间构建出传统建筑与环境之间朴素的梅山地域人文特征，且与自然环境浑然天成。它承载着村民的宗族习惯、民族特色与"梅山蛮"道教文化等精神意义，这种记忆深处的传统质朴的乡情在这些公共建筑空间场所中得以传承且弥足珍贵。本书对湘中梅山区域传统公共建筑空间的解析，是在尊重传统建筑内涵与传统营造技艺的前提下，以村落通用的实用、经济原则展开的，其目的是保护、传承传统村落公共建筑的特性：传统功能性、传统空间性与传统装饰性。具体研究从公共建筑空间布局、公共建筑主要类型及公共建筑空间构成三方面进行阐述。

4.2.1　梅山传统村落公共建筑空间布局

　　梅山传统村落的公共建筑在空间布局上依然遵守建筑空间形式美的法则，如在节奏、尺度、韵律、比例、层次等形式方面均不同程度地体现出整体布局构图的均衡性与空间秩序，且兼顾公共活动流线、与地域环境关系等功能需要。在宏观上，这些公共建筑空间需要处理人、建筑、环境之间形成的复杂的人地关系，形成传统的公共空间体系；在微观上，需要协调其建筑的内部功能与外部空间形式，以形成具象的有地域文化识别性的场所空间。那么，对于湘中梅山区域传统村落公共空间布局的研究，将从抽象简化的平面布局开始。后文选取梅山区域典型村落如高山梯田型的正龙村、丘陵河岸型的下团村及盆地田园型的上团村三个村落为例，根据调研实测数据精确绘制图底关系分析图，逐步解析三大类型传统村落的公共建筑在空间布局中的位置、密集程度、规模差异、形态结构、空间效率等。

1. 集中式传统村落的公共建筑布局

　　正龙村位于湘中梅山区域的紫鹊界梯田，其整体布局为集中式，村中公共建筑也是遵循其村落整体形式，依据梅山地形集中紧凑、自由地分布，凸显出这些公共建筑的核心空间地位。它们顺着中部的等高线，呈弧形状分布于村落中部区域内，布局较为舒展均匀。至正龙村各处的通达性都较好，公共功能的辐射范围均衡（图4-2-1）。正龙村整体规模较小，其整个村落范围半径为500m左右，公共建筑类型不多，其服务半径基本辐射至200m左右。正龙村的公共建筑类型主要有小学、小学旧址、商业街、祠堂、古戏台、风雨桥等。其中，小学、小学旧址（待建为服务中心）、商业街、祠堂、风雨桥等公共建筑彼此相连，分布于整个正龙村的中部核心位置，它们的服务半径辐射全村且距离均匀合理。最具传统传承意义的古戏台位于正龙村最低处，整个村落各个地方都可以看到此古戏台，它成为整个村落的视线焦点，且与其他公共建筑呈均匀辐射状构图，彼此距离几乎相等，突出了古戏台在正龙村的精神核心地位。

2．带状传统村落的公共建筑布局

下团村整体布局沿着下茆河线性展开，整体呈带状布局，其公共建筑的整体布局如图4-2-2所示。下团村规模较大，基本尺度范围为南北6.5km，东西3.4km。从分析图中可以清晰地看到，下团村主干道沿下茆河贯穿整个村落，其公共建筑均依照村落中道路和河道线性分布，密集程度不高，布局舒展，从南至北主要由乡村服务站（待建）、商业民宿、商店、小学+祠堂、戏楼、村委会等组成。这些公共建筑之间的距离均衡且彼此呼应，使其公共功能能满足所有村民的需求。下团村的其他建筑也呈带状分布在道路、河路的两侧。下团村的公共建筑在整个村落的分布中清晰简单，均与河道、村路直接相连，突出下团村公共建筑服务村民、游客的功能，也满足了公共建筑集散的需求。

3．自由式传统村落的公共建筑布局

上团村地处梅山盆地区域，自然地域平坦开阔，其整体布局自由松散，公共建筑也遵循着村落形态呈散点状分布。如图4-2-3所示，上团村整体规模比正龙村大，但与下团村相比稍小。上团村的布局依平坦地形与道路骨架展开，其中稻田占据相当大的地域且处于平坦区域，因此村中建筑多围绕在这些田地、道路周围。公共建筑密集程度不高，散落于居住建筑群中，呈现散点分布的构图形式，展现舒展、松散、自由的田园气息。上团村的公共建筑类型不多，主要有小学、卫生所、红二军团遗址、戏台、村委会等。这些公共建筑大多处于上团村主要入口、道路交叉口及传统遗址附近，其中，戏台与村委会共同形成的最大的公共集散广场位于整个村落中心区域，突出功能核心。但是，上团村的公共建筑彼此之间的距离欠均匀，使其公共服务功能的便捷性稍显不足。

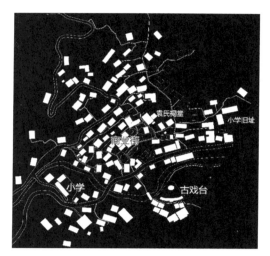

图4-2-1 正龙村公共建筑分布图

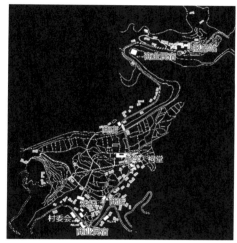

图4-2-2 下团村公共建筑分布图

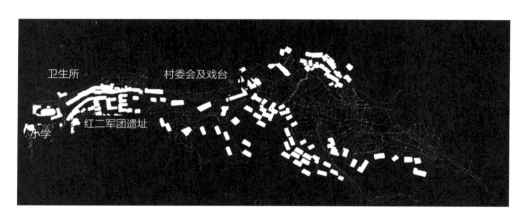

图4-2-3 上团村公共建筑分布图

4.2.2 梅山传统村落公共建筑主要类型

　　湘中梅山区域传统村落的公共建筑类型不多，体量也比较小，但也有效合理地提供了公共功能，积极地表达出梅山当地传统人文场所精神，为村民和游客营造质朴纯净的独具"梅山文化"特质的传统村落公共空间。这些公共建筑承载着传统村落集体生活与社会精神的双重需求，反映了梅山宗族仪式习惯、各民族共融的特色、梅山地域的历史文化及梅山传统村落世俗生活等。它们在形式上与民居形式相同或相近，有些甚至就是民居改造的。作为公共空间，其场所空间边界具有模糊性、多样性，有着复杂非线性的特点。因此，基于类型来解析梅山传统村落公共建筑的不同的建筑形象，能直观感受到其承载着的共同的地域性与不同的人文内涵，传达出传统、朴素的公共场所精神。

1. 祠堂

祠堂是梅山传统村落中最典型的公共建筑类型。正龙村主要为袁姓，楼下村几乎全为罗姓，上团村和下团村主要为奉姓，这些传统村落是以氏族亲情关系为纽带而兴建的，祖宗祠堂是这些村落中极为重要的公共建筑，均处于村落的中心位置。祠堂建筑的体量不大，但形态端庄肃穆。祠堂本身及其围合限定的周边场所供氏族聚会及集体祭祀之用（图4-2-4）。

2. 戏楼

地方戏曲富于地方特色，传唱着村民们朴素的乡村生活，因此戏楼这一公共建筑对于传统村落的村民乃至游客来说，都是非常重要的娱乐活动场所及传统文化精神场所。梅山传统村落中的戏楼和戏台，通常位于村落布局的中心位置，往往也是视域的中心、传统村落空间构图的核心。戏楼或戏台的建筑体量较大，围合的场所空间尺度较大，其所处位置交通方便，便于村落集体公共活动集散（图4-2-5）。如正龙村的古戏楼是整个村落构图的视线中心，建筑体量最大，围合的广场尺度也是最大的，它是正龙村集结村民、组织对外交流的重要场所。上团村、下团村的戏楼、戏台均与村

图4-2-4　下团村祠堂、正龙村祠堂

（a）正龙村戏楼　　　　　　　　　　（b）正龙村戏楼广场

（c）下团村戏楼　　　　　　　　　　（d）上团村戏台

图4-2-5　湘中梅山传统村落戏楼、戏台

委会组合在一起，共同围合成大型公共集会广场。其建筑造型沿用传统建筑形式，体量均为村落中最大的。

3. 村委会

村委会是乡村社会的基础行政单位，是村落行政领导组织机构。同样，梅山传统村落中的村委会作为村民事务的管理机构，在村民心目中的地位是很重要的，因此在整个村落布局中，村委会建筑处于交通便利且便于集散管理的位置。如图4-2-6所示，上团村村委会处于整个村落的路网节点处，且与戏台毗邻连接，形成体量较大的建筑群；同时，共同围合形成了尺度较大的集散公共广场，便于安排村民集体活动。下团村村委会建筑位于村落入口位置，也与戏楼相连，共同围合形成大型公共广场。村委会建筑由于被赋予多种行政功能，其体量较大且造型简洁。

（a）上团村村委会

（b）下团村村委会

图4-2-6　村委会建筑

4．小学

梅山传统村落规模较小，均只设置小学部，其建筑在各村落的处理方式不尽相同。如图4-2-7所示，正龙村小学原址位于村口，为20世纪70年代的两层红砖房，后因村落及小学功能发展需求将其迁至村尾僻静处，为新建三层现代建筑，既满足了现代化教学功能需求，也不太影响整体村落形式。上团村小学位于村口，为适应时代需求，也是三层的现代建筑形式。下团村的小学位于村落中心，与奉氏祠堂相连，由传统建筑改变功能作为学校建筑，规模相对较小。该建筑将学校与宗族祠堂紧密相连，围合的广场作为孩子们的运动场地，也是对传承与发展的思考。

5．风雨桥

在中国许多少数民族的聚落中，风雨桥都是一种极具地域性、标志性的建筑类型。湘中梅山区域历史上是多民族（汉、瑶、侗族等）杂居的场所，风雨桥也是梅

（a）正龙村小学

（b）上团村小学

（c）下团村小学与祠堂相连

图4-2-7　小学建筑

山传统村落中非常具有地域特色的一种公共建筑类型。下团村、正龙村的风雨桥由桥、塔、亭组成，建筑材料中主体桥身为木料，桥墩基本为当地石材。桥身由单重或双重木质屋架与柱廊组成，屋架上建塔、亭等，且檐角翘起。桥身主体木结构为卯榫结构，靠凿榫衔接；两旁设置栏杆、长凳等，形成长廊式走道。桥墩由

图4-2-8　正龙村风雨桥

当地石材砌筑，结构有单拱形式或多拱形式。风雨桥是下团村与正龙村中跨越河道的建筑，是村民及游客常常驻足的空间场所，是梅山传统村落中不可或缺的空灵轻巧的公共建筑形式（图4-2-8）。

6．其他公共建筑

梅山传统村落中还有一些极具特色的其他公共建筑类型。虽然它们不如前五类建筑那样具有普遍性，基本是某些村落的个案，但其建筑形式、建筑功能、建筑空间场所感等方面也都具有独特的传统意义。如图4-2-9所示，上团村红二军团遗址是一处四合院建筑，建筑体量很大，建筑形制规格较高，是梅山地区少有的四合院式公共建筑。下团村卫生所是一处由原有居住建筑改建的公共建筑，该建筑很好地利用地形，将实用便捷与安静的氛围营造得很到位，满足了卫生所的功能要求，也满足了公共建筑的功能、流线与环境的要求。另外一种地域性的公共空间形式为正龙村的商业街，该公共建筑群以线性的步行商业廊道为纽带，顺应地形高差，有序地连接起一系列错落有致的小开间商业铺面。商业街的建筑形式均为双坡屋面、双层结构，建筑空间流线简洁而有韵律，功能明确而有变化，蜿蜒曲折的流线与周边的丰富空间共同营造出休闲的商业空间场所。

（a）上团村红二军团遗址建筑

（b）下团村卫生所

（c）正龙村商业街

图4-2-9　其他类型公共建筑

4.2.3　梅山传统村落公共建筑空间构成

　　"构成是事物中各部分要素的统合，建筑构成是建筑作为实体和虚体的空间中各部分要素的集合形式，是局部与整体之间关系的原理"❶。这种构成关系在梅山传统村落公共建筑空间中表现为特定的人地关系与公共功能空间关系，即湘中梅山地域条件

❶　坂本一成. 建筑构成学：建筑设计的方法［M］. 陆少波，译. 上海：同济大学出版社，2018.

下人、建筑、环境三大要素共同营建传统村落公共空间的复杂有机关系。具体将从传统村落公共建筑的平面构成、立面构成、细部构成三方面展开。

1．梅山传统村落公共建筑平面构成

勒·柯布西耶强调，在建筑设计中"平面是根本"，这突出了建筑构成中平面构成的核心地位。通常，在建筑的平面构成中，重复的构成形式表现整齐的秩序感，而渐变对比的构成形式表现动态的秩序感。传统村落公共建筑的平面构成，是对形态要素的二维抽象，以理顺功能流线，形成一种平面秩序，最终营造出传统建筑的场所感。本书就以湘中梅山区域传统村落中的公共建筑类型为例，从平面功能、平面形态、平面组合的二维空间构成方式，详细阐述其平面空间构成特点。

（1）祠堂建筑平面

下团村的奉氏祠堂是下团村最老的建筑，据考证已有两百多年历史。由于年代久远，建筑毁坏较严重，只剩下一部分三开间的遗留，其余损坏部分被重新修建成了小学。从保留的祠堂平面来看，它采用的是典型的宗教寺庙平面柱网布置形制——单槽，仅用一排金柱将建筑平面分成不相等的两个区域。与山西洪洞县广胜下寺大殿的平面基本一致。祠堂三面为石砌墙体，柱网规整，面阔为三开间，明间尺寸约为5.4m，次间尺寸约为4.2m。内部单槽布局空间简洁明了，祭祀空间相对开阔，建筑功能在平面设计中得到很好的体现。该祠堂建筑如此简洁又遵从传统的平面构图形制，是调研的传统村落中仅存的、弥足珍贵的遗留建筑。

正龙村袁氏祠堂是在原有建筑基础上新建的，建筑平面呈L形，与室外广场空间的结合更有聚集感、场所感。该祠堂建筑上下两层，为传统的下层连廊、上层游廊对应的形式。建筑开间明间尺寸为6.3m，次间均为4.2m。平面主体三开间，主要是祠堂祭祖功能。其右侧增加小尺寸3.6m的耳房，并增设辅助临时展览用房，与主体直接相连，构成L形的平面组合方式。这种平面形式在祠堂建筑中较少见，削弱了宗祠建筑的庄严，但新增对袁氏祖先生活场景的展示功能，使得该祠堂在平面构图上多了一些变化与灵活性，丰富了祠堂功能及其对传统文化的延展（图4-2-10）。

（2）戏楼、戏台建筑平面

下团村的戏楼以一片稻田与桃林作为背景，建在高高的台地上，占据了整个山头，是下团村中景致最好、视线最为开阔的位置，是全村整体布局的核心。戏楼是下

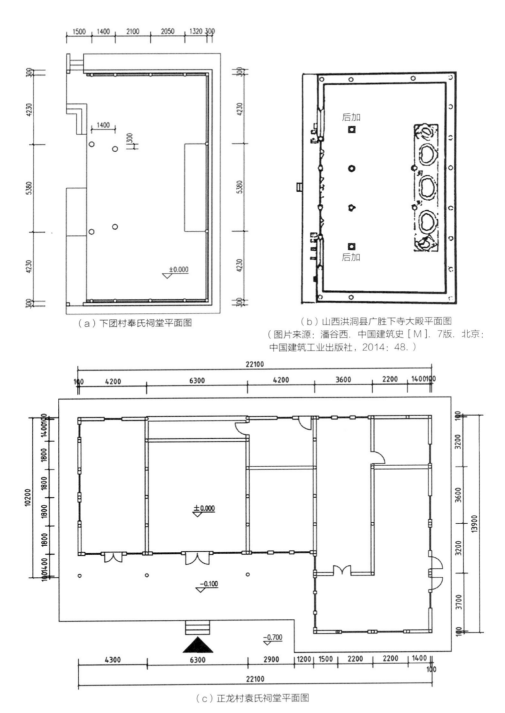

（a）下团村奉氏祠堂平面图

（b）山西洪洞县广胜下寺大殿平面图
（图片来源：潘谷西. 中国建筑史［M］. 7版. 北京：
中国建筑工业出版社，2014：48.）

（c）正龙村袁氏祠堂平面图

图4-2-10　传统祠堂平面图

团村所有建筑中体量最大的，是一座具有百年历史的老建筑，也是村民保护维护最好的建筑物。戏楼为两层，功能适应时代发展。第一层为大厅，具有接待、辅助等功能，柱网开间尺寸统一协调，面阔为七开间，四周为小尺寸游廊。作为垂直交通的楼梯室内与室外各设一处，室内楼梯供观众直达二层观演厅，室外楼梯主要供工作人员及演员使用。二层平面作了减柱处理，获得了观演大空间的效果，主要空间宽敞，舞台空间平地抬高三级台阶，避免视线遮挡。整个平面舒展，功能合理，二层游廊空间的设计充分考虑了凭栏远眺的空间效果。下团村戏楼的平面设计营造了符合时代发展的当代乡村文化空间氛围，将老建筑重新营建，焕发新生，体现了传统村落公共建筑的时代性、文化性和地域性特征。

相较于下团村戏楼，在原址上新建的上团村戏楼充其量只能称为戏台，平面功能简单，其平面形式也非常简单：在混凝土基座上用四根混凝土柱支撑起整个表演空间，观演区域是室外广场。这种简洁功能的戏台在传统村落中是比较常见的。正龙村戏台也是一座功能单一、形式简洁的历史性建筑物，也是整个村落中体量最大的建筑。与前两处村落不同，正龙村古戏台位于村落的最低处，在入口处且在村落主干道旁，从正龙村其他位置都能看到它，其核心地位不言而喻。这些古戏台平面构成均为尺度较大的一圈柱廊组合成主戏台与两侧台，平面功能清晰简洁（图4-2-11）。

（3）村委会建筑平面

村委会可以说是村里人日常办事的中心地带，其建筑功能性较强。以上团村村委会建筑平面为例，如图4-2-12所示。这栋公共建筑呈L形，内部功能比较复杂，许多空间兼作多种用途。建筑上下两层设有教室，位于L形一端，供上课使用；另一端底层设计为练功房、厕所和储物间，上层为村委会办公室。中间的楼梯既是功能分区的要素，也将建筑连接成为一个整体。该村委会建筑L形所围合成的空间自然形成了一个广场，成为村民公共集会与休闲娱乐的好去处。

（4）小学建筑平面

湘中梅山区域传统村落的规模均不大，户数不多，且村中的小学生大多为留守儿童，人数也不多，因此村落中只建设了小学。上团村小学建制较完整，配置了教学楼、宿舍楼、食堂等建筑群，其他设施还有室外操场、升旗台，甚至还设置了风雨跑道。上团村小学虽然为新建建筑，而且建筑形式也是现代风格，但它考虑了在不影响功能的同时兼顾整个村落的格局形态，建在村口唯一县道的一侧。该小学教学楼平面

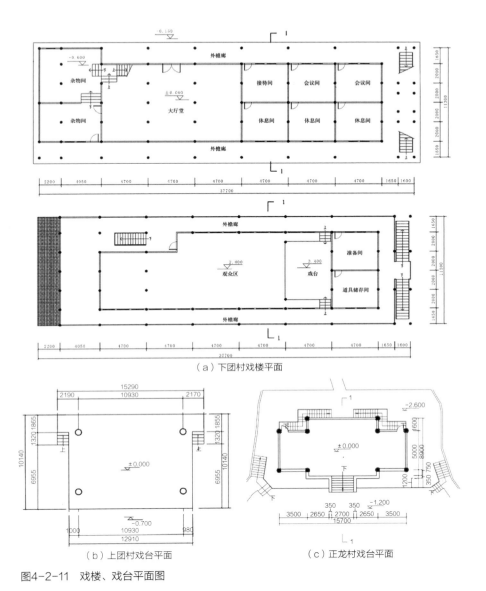

（a）下团村戏楼平面

（b）上团村戏台平面

（c）正龙村戏台平面

图4-2-11 戏楼、戏台平面图

设计为L形，单边外走道。教室尺寸大小不一，以应对不同年龄段人数不一的村落实际情况。宿舍楼、校门为一字形（图4-2-13）。下团村小学相较于上团村人数更少，学校建筑为传统木质建筑且与下团村祠堂相邻，L形平面形式，设置为两层，柱网整齐，开间尺寸统一，单面设走廊。建筑依据功能较好地处理了平面构图，对周围场所的围合限定了使用空间，实用且有效（图4-2-14）。

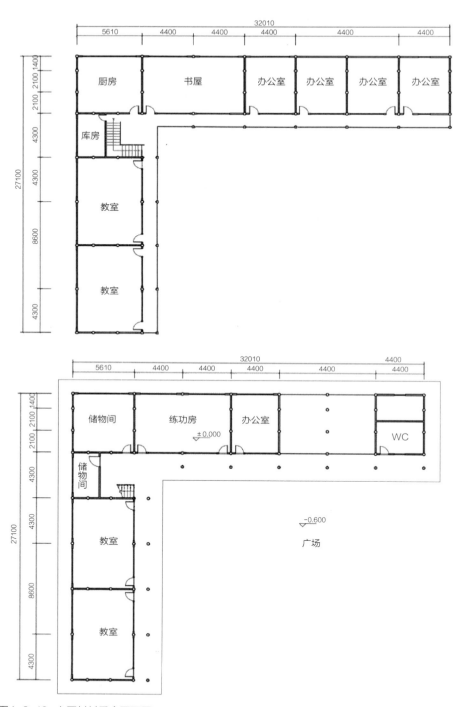

图4-2-12 上团村村委会平面图

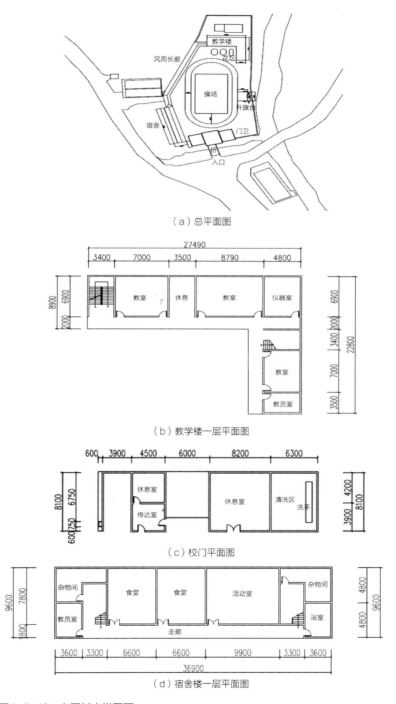

（a）总平面图

（b）教学楼一层平面图

（c）校门平面图

（d）宿舍楼一层平面图

图4-2-13 上团村小学平面

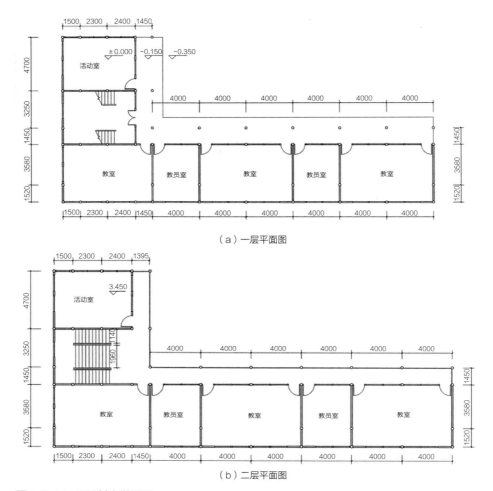

图4-2-14　下团村小学平面

（5）风雨桥平面

风雨桥是壮族、侗族、瑶族的民族建筑物，流行于湖南、湖北、贵州、广西等地。湘中梅山区域自古为瑶族聚居地，虽历经时代变迁、瑶汉民族融合，但风雨桥这一建筑形式仍然是梅山地区村落中独具特色的公共建筑。风雨桥位于村落小河上，为村民提供遮风避雨的场所，到了现代，风雨桥更多的是作为村民休息聊天的场所。风雨桥是干阑式建筑的发展，石桥墩上搭建重檐凉亭。平面中间留出宽度适宜的通道作为村道的延续，两边设置栏杆、座椅，柱子疏密有致。整个建筑通透，视线好，形成的空间是村民聚集聊天的理想场所（图4-2-15）。

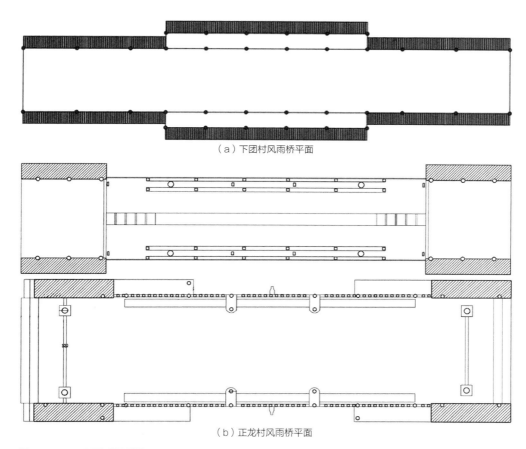

（a）下团村风雨桥平面

（b）正龙村风雨桥平面

图4-2-15　风雨桥平面图

（6）商业街巷平面

商业行为自古有之，"赶集"是传统村落中最生机勃勃的公共活动，其间村民可以购物，也可以以物换物。正龙村的商业街已有两百多年历史。虽然现在的建筑是在原址上重建的，廊道有了新建痕迹，但依稀能感觉到当年的光景。此商业街的平面设计依托的是彼此相连的民宅，这些民宅依据地势高低错落。建筑平面都是单进的内屋商铺加宽阔的交通外廊的形式。商铺彼此相连通，使得铺面可以形成多种开间的组合，丰富了平面功能，使用起来更灵活（图4-2-16）。

（7）保护性遗址公共建筑——上团村红二军团遗址建筑平面

上团村红二军团遗址建筑是上团村中体量最大的公共建筑，其平面构成形式为四合院落式（图4-2-17）。该传统建筑的形制规格较高，为完整的双层四合院，建筑

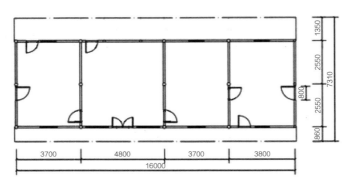

图4-2-16　正龙村商业街平面图

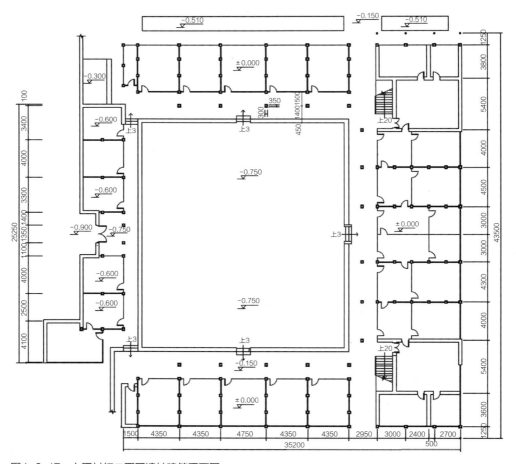

图4-2-17　上团村红二军团遗址建筑平面图

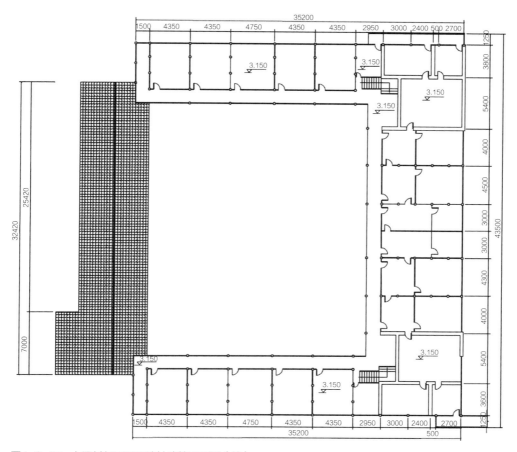

图4-2-17　上团村红二军团遗址建筑平面图（续）

及其院落的尺寸都较大。建筑平面中主屋坐东居中，最大开间尺寸为6m，且抬高三级台阶。两侧开间尺寸减小，为厢房，与主屋相连却又独立对外开门，且都抬高两级台阶。南北两侧为均等的房屋，独立对外，彼此不相连。西面为大门，大门两边有独立倒座房，只有一层。楼梯设计在两转角处，楼梯下设计成库房，可有效利用。四周廊道面向内院且首尾相连，柱廊尺寸协调统一。该遗址建筑平面符合我国传统四合院平面形制，平面构图完整且功能空间主次有序，是调研的传统村落中少有的大型公共建筑。

（8）卫生所建筑平面

上团村卫生所为乡村医生自己的住宅改造而成，是典型的乡村建筑复杂功能混用的实例，如图4-2-18所示。该建筑平面布局充分考虑了地形环境中2m多高的下洼地形的特殊性，同时考虑病房的功能要求，将朝向景观、阳光充足的房间作为主要病房。该卫生所为两层独栋建筑，建筑平面构成为五开间，一层中间堂屋改造成治疗室，两边厢房为处置室及病房，二层也设置了一间病房，其余空间为乡村医生自己用房，平面构成简单实用。

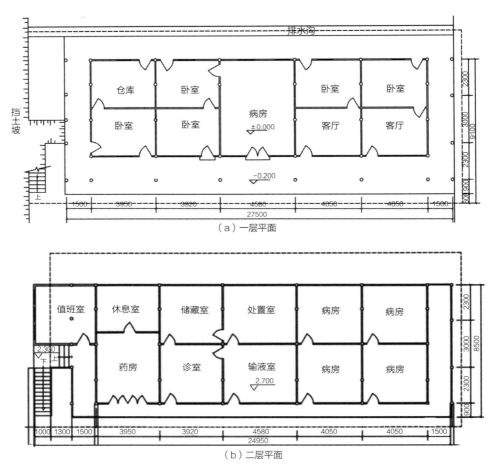

图4-2-18　上团村卫生所平面图

2. 梅山传统村落公共建筑立面构成

建筑立面由各构成元素和材质共同建构虚实关系，形成不同的立面效果。布鲁诺·赛维对建筑立面的精辟论述为：对于建筑立面要做的就是如何表现那些洞口，以及表现不同材料的表面质感和不同程度的光影效果。本书对湘中梅山区域传统村落公共建筑的立面研究将从其传统构成元素入手，来探索传统村落公共建筑的立面构成原理、传统立面构成的图形特点及传统地方材料的特色质感。传统村落的公共建筑立面是面向其外部空间的二维表现，其构成元素自下而上大致为台基、墙面、门窗洞口、柱廊、游廊、屋面。这些传统建筑的构成元素遵从建筑立面构成的形式美原则，在比例、韵律、尺度、体量、虚实等基本构成方法的基础上，融合梅山地域性、文化性的特征元素，构建了传统建筑立面的逻辑关系与层次，表现出独具特色的溯源性场所感。

梅山传统村落自古以来闭塞内敛，且山地自然条件较为恶劣，传统村落公共建筑的一项重要功能，就是促进村落中全体村民的融合凝聚，形成团结互助的社会关系，这是千百年来传统村落的核心精神，体现家园归属感。同时，梅山区域传统村落中代表亲情和群体凝结性的公共建筑如袁姓族群祠堂、奉姓族群祠堂等，都是村落场所精神识别性的体现。这种场所识别性与归属性，体现在公共建筑立面中时抽象为各构成元素的地域性与文化识别性。

梅山传统村落中公共建筑类型数量不多，但也能满足村民公共生活的需要，充分表达湘中梅山区域的传统建筑特色，展现村民们聚集交往空间的场所精神。梅山传统村落的公共建筑受该区域山地地形的限制，整体体量不大，且严格按照传统建筑形制营造，立面形式变化也不多，但立面构成具有传统的视觉共性。传统村落中公共建筑立面构成各要素比例尺度均匀适宜，构成平衡的虚实关系，很好地烘托出传统建筑立面的节奏感与韵律感。梅山区域地方材料——木材与石材的合理运用，加强了这些传统公共建筑立面的地域性与传承性（图4-2-19）。

梅山传统村落公共建筑的立面造型多为典型的两层建筑，一层为柱廊，二层为游廊，连接各功能房间。具体的建筑立面构成为三段式，即屋面、墙面、基础面。屋面多为双坡屋顶，屋面尺度随体量大小而不同。屋面多以青瓦铺面，屋脊水平向刚劲有力，于末梢稍稍起翘，在屋脊上雕龙饰凤，别具风韵。传统公共建筑的墙面是主要的建筑构成部分，构成元素主要有墙体和门窗洞口。墙面材料基本是梅山当地的木材，

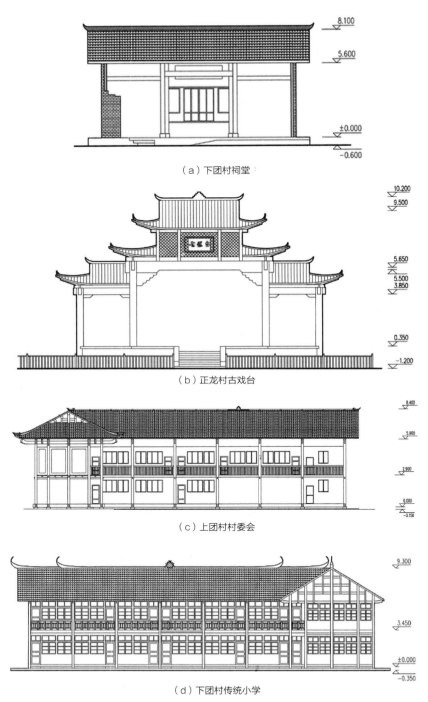

（a）下团村祠堂

（b）正龙村古戏台

（c）上团村村委会

（d）下团村传统小学

图4-2-19　传统村落典型公共建筑立面图

门窗也均为木质。山墙面以藤条为骨架，石灰镶嵌、抹面，呈白色，传统建筑的地域性体现得淋漓尽致。建筑的基座通常为抬高约30cm的麻石，通风防潮。基座上为立柱，柱子通高两层，柱础为方石，柱身为木质且有收分。柱头直接承载屋面梁，整体构造朴素淡雅。这些屋面、墙面、基础面等传统立面的构成元素，营造出湘中梅山区域传统村落公共建筑的地域性、文化性、时代性特色，将传统建筑形式美的原则如变化与统一、对比与和谐、比例与尺度、对称与均衡、节奏与韵律、实与虚等在这些建筑立面上都表现得恰到好处。

湘中梅山区域传统村落中的风雨桥为该区域独特的公共建筑，其建筑形式是多样的，即使是同一个村落中的多个风雨桥造型均不相同（图4-2-20）。这是因为风雨桥是根据不同位置的水域及水域两岸的地形决定其形式的，需要详细勘测各自横跨水面的距离以及桥墩处的地质等建筑功能因素，还要结合修建时当地村落的经济状况等社会因素，共同决定风雨桥的设计形式，其中，风雨桥的结构功能决定了其独特的立面形式。如图所示，风雨桥结构的美体现得非常充分，如桥身横跨水面，短则十多米，长则几十米，桥身重量完全由几个石墩承载。风雨桥多为三墩双跨的三段式长桥，较窄水面上多用单拱单跨形式，形成极长的悬空结构，由几根粗长的横向木梁支撑。风雨桥的桥头与桥头牌楼结构复杂，有部分风雨桥中心会建有歇亭。与大部分中式木结构的传统建筑一样，风雨桥由于长时间受自然风雨的侵蚀，建筑材质均需进行防水、防腐、防滑处理。但经过几十年乃至上百年的时间作用，桥体逐渐受重力与桥墩支撑力的影响而演变为W形，这一形状是时间与自然共同留下的痕迹。传统村落中风雨桥的立面形式美有别于现代化大桥的刚硬刻板，呈现柔和又稳重的自然之美，这是风雨桥历史价值的体现。

3．梅山传统村落公共建筑细部构成

一般就建筑空间而言，公共建筑的特性包含空间性、功能性与装饰性，而装饰性在建筑上的直接体现就是细部构成。布鲁诺·赛维将一般建筑空间的分析归纳为功能分析、造型分析和装饰细部分析，装饰细部分析是建筑空间分析中重要的一环。坂本一成就此给出了精辟论述：建筑构成主要涉及空间、功能、形式、材质、细部等，建筑构成与社会、经济、环境等有机联系。这些建筑装饰细部形式也受社会、经济及技术的影响。本书对梅山传统村落公共建筑的细部构成研究，将更加突出梅山区域的地

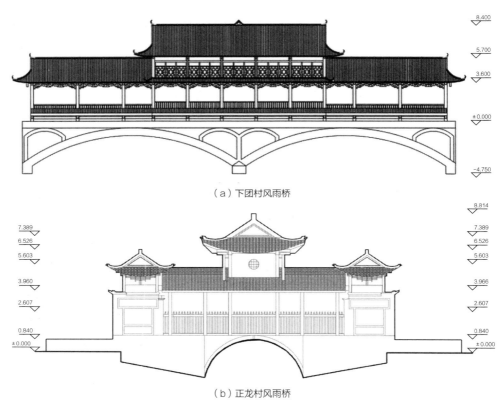

（a）下团村风雨桥

（b）正龙村风雨桥

图4-2-20　风雨桥立面图

域性、文化性特征，以及不同时代细部构造符号化的表达方式。

　　湘中梅山区域传统村落由于地处梅山深处，交通闭塞，村落与外界交流较少，传统的生活印记保留较好，其公共建筑的地域性特征相对保留完整。同时，梅山地区深受蚩尤"梅山蛮""巫傩文化"的影响，其传统公共建筑也具有非常鲜明的"梅山文化"特色。如在细部构成中，以具有显著地域性、象征性的文化图案、图腾来传达"梅山文化"，表达对传统农耕文化的崇拜、对自然山体的崇拜、对"梅山文化"的崇拜等。这些传统公共建筑各细部构成都集中体现了"梅山文化"的有机融合，其中有从中原地区传来的道家、儒家文化，有当地各民族文化，有本地梅山区域"巫傩文化"，形成融合的独特图式。

　　以上团村红二军团遗址建筑为例。其细部构成充分诠释了"梅山文化"与梅山地域特征，其立柱（柱础、柱身、柱头）、墙体、门窗、栏杆细部及屋顶（屋架、屋面、屋脊）都非常精美。该建筑保留着原有传统建筑的完整的柱网系统，每一根立柱都由柱础、柱身、柱头构成。其中，柱础保存较好，如图4-2-21、图4-2-22所示。这些立柱从建筑材料来看，"刚冷"的砖石构件与"柔暖"的木材结合，最能体现"梅山蛮"乡土文化中刚柔相济的特征。柱础选用石材刚劲有力，柱身选用木材柔美温暖，冷暖对比的细部处理，充分表现出对不同材料的巧妙运用。柱础的纹饰也是各式各样，没有重复，祥云、星月、花虫、天圆地方等丰富的图腾样式给人留下深刻的印象。门、窗、栏板装饰也具有独特性，如图4-2-23所示。镂空的木质门窗处理体现了传统的痕迹，装饰简洁、尺度宜人。建筑屋架的细部构造中，当属廊枋的望柱最为精美，其各部分的尺寸、榫卯与材质都极为精确（图4-2-24）。综合可见，对当地丰富石材、木材及多年承继的石匠、木工手艺的运用，将上团村中传统建筑与自然地域、"梅山文化"更好地融合在一起，充分展示了该场所的识别性。

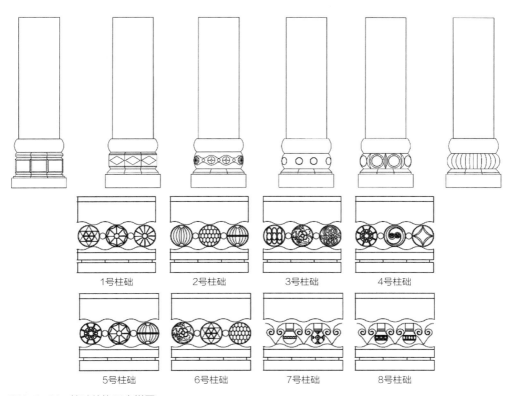

图4-2-21　柱础纹饰及大样图

图4-2-22　柱础外观

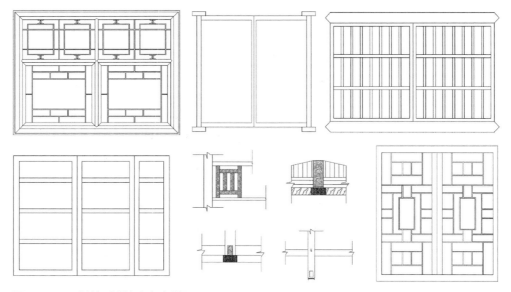

图4-2-23　建筑门窗栏杆细部大样图

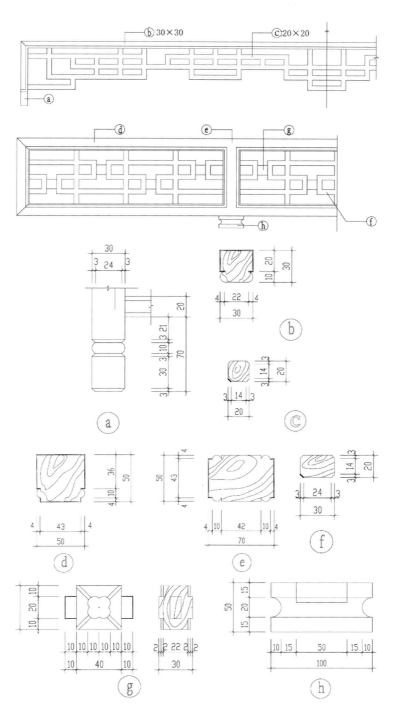

图4-2-24　廊枋细部大样图

4.3
梅山传统村落公共建筑空间场所营建

4.3.1　公共建筑空间场所精神内涵

在关于空间与场所关系的系统研究中，舒尔茨阐释了存在空间、建筑空间与场所的逻辑关系：存在空间就是环境现象，它是比较稳定的知觉图式体系，建筑空间是存在空间的表象，而场所是对图式、表象的人的感应整体回应。❶因此，场所不是具体的地点，而是由具体建筑空间组成的有机整体，建筑空间的集合决定场所的特征。舒尔茨自1979年开始提出"场所精神"的概念并不断深化其理论。其中，公共建筑的场所精神是公共空间的实体与虚体的共同体现，空间实际上与实体界面是不可分割的，而且是"人认识与感知的图式，由场所中心出发，形成特定的路径，并由这些路径划分区域，从而获取感悟的场所图式"❷。由此可知，人的感知是场所精神的核心，而人的存在具有空间性，表达实体的空间质量环境。❸那么，研究传统村落公共建筑空间形成的场所精神，就是以村民群体活动的认知为主体，借由传统村落公共建筑空间这种载体，创建由公共建筑形成的室内空间与室外环境的整体图式意象。

传统村落的公共建筑空间所营造的场所精神，是其存在的意义所在。本书对湘中梅山区域传统村落公共建筑的空间场所及其场所精神的研究，也是从以人为本的观念出发，认为"只有人的直觉才能掌握对象的本质"❹，从村民的直觉角度，去探索传统村落公共建筑空间所营建的具有当地乡土内涵的"场所精神"。隈研吾也强调："建

---

❶ 克里斯蒂安·诺伯格-舒尔茨. 建筑——意义和场所 [M]. 黄士钧，译. 北京：中国建筑工业出版社，2018.

❷ 克里斯蒂安·诺伯格-舒尔茨. 场所精神：迈向建筑现象学 [M]. 施植明，译. 武汉：华中科技大学出版社，2019.

❸ 克里斯蒂安·诺伯格-舒尔茨. 居住的概念：走向图形建筑 [M]. 黄士钧，译. 北京：中国建筑工业出版社，2012.

❹ 胡塞尔. 纯粹现象学通论 [M]. 李幼蒸，译. 北京：中国人民大学出版社，2004.

筑必须与场所相连，不同地方存在着各式各样的传统建筑技术与材料，构成了那些地方特有的景观，孕育着当地的文化"❶。场所精神营建包含建筑内部空间构成与外部空间景观两方面。对传统公共建筑场所精神的研究，也将从公共建筑内部空间及外部空间来展开。以村民们的公共活动行为为基础，从传统的村落营建环境中探寻传统公共建筑的空间逻辑结构，以及因此而形成的环境场和心理场。

4.3.2 公共建筑内部空间场所营建

梅山传统村落公共建筑内部空间营建遵从我国传统建筑基本营造法式。梁思成先生指出：中国建筑显著特征之所以形成，有属于实物结构技术上之取法及发展者，有源于环境思想之趋向者。他慧眼独具地指出了中国传统建筑研究中建筑内部空间结构的重要性。对湘中梅山区域传统村落公共建筑内部空间的研究，也是从其内部空间结构入手的。研究不同类型公共建筑内部空间结构的营建方法，以及符合村民长期公共行为习惯的空间格局，从而创造具有集体心理归属感的场所，建立传统公共建筑的场所精神。

梅山传统村落公共建筑内部结构由屋架、立柱、楼面梁、墙等传统构造元素组成，营造传统室内空间关系。在中国的传统建筑结构中，屋架形式是非常重要的。梅山传统村落公共建筑的屋架是典型的穿斗式木框架形式，用穿枋把柱子串联起来，没有梁，檩条直接搁置在柱子上，沿檩条方向，再用斗枋把柱子串联起来，由此形成一榀榀屋架。这些屋架有对称的，也有不对称的，不对称屋架可以将空间划分为大小不同的使用部分，空间组合更加灵活多变，适合公共建筑多功能要求。梅山传统村落的公共建筑体量较小，柱子基本分为前、中、后三排，主要起支撑屋面梁和楼面梁的作用。楼面梁上架着较密的次梁，可承受较大荷载。墙是就地取材，有石墙、木墙两种。石块堆砌做地基、黄土夯实做墙体、木材修整做梁架，用石灰粉刷墙面。这些基本结构尺度宜人，空间感受亲切（图4-3-1）。还有一些较为特殊的建筑结构，如戏台建筑中舞台上空的屋架挑空形式，类似藻井，它的功能是优化音效；舞台与观众厅的高差也充分考虑了观演要求。风雨桥的结构形式也比较复杂，多为重檐，形成的开放空间尺度较大。

当地工匠们用传统的营建技艺、当地的材料与文化元素构建了独具梅山特质的建

---

❶ 隈研吾. 场所原论：建筑如何与场所契合 [M]. 李晋琦，译. 武汉：华中科技大学出版社，2017.

（a）上团村戏台   （b）下团村戏楼

（c）正龙村风雨桥

图4-3-1　梅山传统村落公共建筑内部结构

筑内部空间场所，营造了具有归属感的场所精神。

4.3.3　公共建筑外部空间场所营建

　　"场所"一词是"基地""地域"或"环境"之意。论建筑，就要从"场所"开始。场所是人记忆的物体化和空间化，即对某地方的认同感和归属感。外部空间场所作为建筑意义上的环境，一般是行为和事件的发生地。舒尔茨认为："建筑与环境和谐关系表达生活情境，满足人实质上、精神上的需求"❶。传统村落公共建筑所营建的外部场所空间在强调了建筑功能与实体结构之外，对人产生的身处传统自然环境中的空间

---

❶　克里斯蒂安·诺伯格-舒尔茨. 场所精神：迈向建筑现象学［M］. 施植明，译. 武汉：华中科技大学出版社，2019.

感、认同感与归属感尤为重要，而这种认同感与归属感需要具有特定时代性的地域文化元素来体现和表达，即场所精神的营建，是公共建筑与其所处的自然地域环境认同感知的直接表达，直接体现以环境为本的传统营建特征，具有"天人合一"的特性。

本小节将针对不同类型的公共建筑场所，分析场所构成形态的现实现象，深入探索其场所空间构成，揭示传统村落的场所精神的营建实质。这些外部公共空间符合村民们集体活动的功能需求，传达了集体地方传统文化的精神特质。本书选取具有传统代表性的祠堂、戏楼、风雨桥、红二军团遗址等公共建筑所营建的外部空间场所，并实测、分析、研究其室外场所空间形态特征、围合构成及场所精神营建。在梅山传统村落中，公共建筑营建的外部空间大多为形态、尺度不同的室外广场。这些场所是定量的、可分析的，"空间形态具有了边界性与方向性才具有了结构特性，结构可以用节点、路径、区域使场所中心化"[1]。梅山传统村落公共建筑室外空间场所具有明确的围合边界、方向性（路径）、节点（建筑主体）和区域形态等各层次构成要素，这些构成要素都是传统村落中既有的自然存在与人工塑造的元素，直接体现以环境为本的传统营建特征。梅山传统村落中公共建筑室外空间构成各要素有：建筑、台阶、道路等人工元素，以及花、树、梯田、菜地、水体、山体等自然元素两大类。这些既有的要素符合村民习惯，传承了"梅山文化"地域属性，营建了具有当地村民认同感与归属感的村落传统公共空间场所精神，具体示例如下。

1. 祠堂公共空间场所营建

正龙村袁氏祠堂与下团村奉氏祠堂建筑本身体量不大（图4-3-2）。下团村奉氏祠堂的建筑形态是完整的L形，随着村落的发展与人口的流失，宗族祠堂的祭祀活动在下团村逐年减少，到了现在，该建筑主要部分改建成小学，祠堂偏于L形中的一角。但建筑与周边稻田、树木一起营建出较大尺度的室外广场，视线非常开阔。该公共空间与村路直接相连，交通方便，人流疏散便捷，充分考虑了全村人的祭祀等公共活动的需求。正龙村袁氏祠堂建于全村的中心地带，为独栋的两层、四开间L形建筑。以该祠堂建筑为空间节点的整个公共空间场所区域围合度较高，区域尺度也不

---

[1] 克里斯蒂安·诺伯格-舒尔茨. 场所精神：迈向建筑现象学 [M]. 施植明，译. 武汉：华中科技大学出版社，2019.

图4-3-2　下团村奉氏祠堂、正龙村袁氏祠堂外部空间图

大，其边界明确，由乡间石板路与前院的草地进行区分，公共集结广场视线开阔，中心式的构图方便袁氏村民聚集。村民们逢年过节在此聚集祭祀，促进族亲乡邻的感情交流。这种固有的"血缘乡情"是祠堂这一传统公共空间场所精神的核心体现，对这种场所精神的认同感依赖于这些场所结构，从而形成了这样的场所现象。

2．戏楼、戏台公共空间场所营建

传统戏楼、戏台作为梅山传统村落公共场所类型的重要组成部分，其营建的场所精神突出体现了梅山地区通俗的人文艺术特质，是对自发的民俗文化景观和劳动生产景观再现、传承、传播的重要载体，是当地体现民族文化、乡土文化及精神文化的重要的聚集场所。如图4-3-3所示，下团村的戏楼和正龙村、上团村的戏台建筑营建的公共广场尺度都较大，它们以戏楼、戏台建筑为节点核心，围合度较高。下团村戏楼、正龙村戏台的广场边界有高差较大的多级台阶，上团村戏台广场边界

图4-3-3　下团村戏楼和正龙村、上团村戏台外部空间图

图4-3-3　下团村戏楼和正龙村、上团村戏台外部空间图（续）

与道路齐平，利用树木构建边界，主要路径
与广场直接相连，公共活动流线简洁清晰。
这样构建的公共场所集聚感较强，围合度
高，加强了场所的归属感，通达的路径加强
了场所的方向感，这种归属感与方向感的结
合使戏楼、戏台营建的公共空间在村落环
境中获得较强的认同感，体现了公共场所
精神。

3. 风雨桥公共空间场所营建

正龙村、下团村都有一条贯穿村落的河
流，村落中的风雨桥多营建于河流之上，涓
涓的河水阻隔了嘈杂的喧嚣声，给风雨桥构
建多了一份宁静与通透感。正龙村与下团村
的风雨桥的功能为连接水道两边的路径，基
本为人车混行的形式。河流为风雨桥自然划
分出区域范围；传统的形式积极应对自然
环境，通透的建筑设计为风雨桥带来徐徐凉
风，是村落中夏季纳凉的好去处，具有较强
的场所空间认同感（图4-3-4）。

图4-3-4　下团村、正龙村风雨桥休憩空间图

4. 红二军团遗址公共空间场所营建

上团村中的红二军团遗址建筑是这些传统村落中体量最大的一处公共建筑，且为完整的四合院形式。该建筑构建了一处28m×22.5m的方形内院空间，尺度较大，可以作为村民集体活动的用地。同时，这座遗址建筑也限定了建筑周边的部分区域，包括两处公共出入口广场与两边挡土墙围合的方形区域（图4-3-5）。这处遗址建筑形成的南北向和东西向空间序列详见图4-3-5，其公共场所的结构层次丰富多样，构成元素自然多变，具有强烈的观赏性与存在感。

（a）总平面

（b）院落

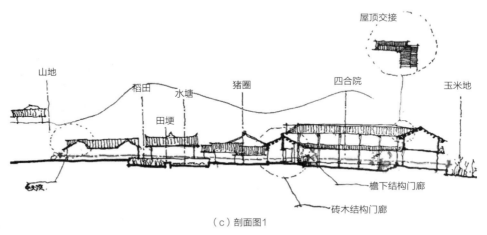

（c）剖面图1

图4-3-5 上团村红二军团建筑外部空间分析图

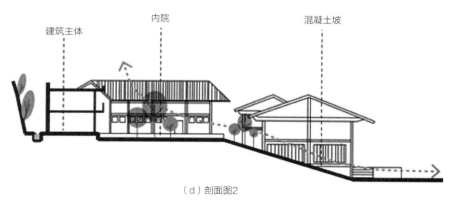

（d）剖面图2

图4-3-5　上团村红二军团建筑外部空间分析图（续）

4.4
梅山传统村落公共建筑的文化性传承

4.4.1　传统村落公共建筑的价值

1. 环境价值

　　湘中梅山区域的传统村落中公共建筑的营建直接表达对传统场所精神的传承，也集中体现其自然与社会的环境价值。传统村落是一种聚居的传统形态，"它是人们为体现居住意义而创造的场所，而这种场所是一种聚居的整体环境，包括社会环境与自然环境"❶。而传统村落中的公共建筑是通过有组织的空间与形式来建构集体聚集的场

---

❶　克里斯蒂安·诺伯格-舒尔茨. 居住的概念：走向图形建筑 [M]. 黄士钧，译. 北京：中国建筑工业出版社，2012.

所，也形成了一种公共环境。湘中梅山区域的传统村落处于千百年形成的梅山自然环境中，其自然环境价值不言而喻。同时，随着人们公共交往行为的不断形成与发展，传统村落也形成了公共社会环境，社会环境对传统文化的传承有着重要价值。传统村落的公共建筑及其环境是相辅相成的，自然环境决定了传统村落公共建筑的形式特征，而社会环境决定了其构建的公共空间场所的精神特征。随着时间的推移，传统村落公共建筑及其自然环境和社会环境形成特定的人文传承记忆，表现为某种特定的场所精神，实现传统公共建筑的环境价值。

2．行为价值

在建筑学领域中，行为方式决定建筑形式。传统村落的公共建筑营建积极关注村民的生产、生活方式。在湘中梅山区域的传统村落中，村民的行为直接体现在对公共建筑形式的设计上，同时，随着传统村落"美丽乡村"建设发展的深入，外来游客的行为方式也对其公共建筑产生了很重要的影响。梅山传统村落的形成是在特定的物质空间环境内，在时间积淀下完成聚集场所的营建。这种聚集的行为就是要与自然环境如田地、山川等构建融合关系，尊重自然环境的同时，对自然环境进行改造，使原始地域成为适合聚居生活的场所。在相对封闭的传统村落社会中，邻里交往朴素而依赖性强，村落中的公共建筑如祠堂、剧场、村委会、学校等成了为数不多的村民公共行为场所，承载着村民集体行为活动的价值意义。当地村民在应对梅山山地环境时，对公共建筑有自己独特的营建方式，充分利用自然地形地貌的限制，依山建筑、跨河建筑，就地取材，采用世代相传的建造方式营建，这些都凝聚了村民们的智慧。多数当地匠人主要依靠代代相传的传统手艺与传统风水理念来营建公共建筑，大多采用的是民间集体的组织方法，顺应自然和经济实用的营造方式，遵循有机体的生长原则，依靠共同的认知和传统来营造和维系。这种营建方式本身就是传统行为价值的体现。

3．心理价值

梅山传统村落的公共建筑所营建的场所精神诠释了这些公共空间在村民、游客心中的价值。传统村落公共建筑在功能与形式上很好地维系了这种浓浓的乡情，一场乡土戏剧、一次宗族活动、一场村民选举总能聚集全村老老少少参与其中。村民们在公共空间中活动，展现族人、乡邻的人情往来，并且在这种公共空间的有组织的秩序中实现各自心理和精神的表达与需求，这正是传统村落公共建筑营建的心理价值，也是千里之外游子归乡寻根的心理需求。这种"乡愁"的属性，是人们对熟悉意识的整体再现，是意识与行为的高度合体，传统村落公共空间成为留住这种"乡愁"的重要物质场所，具有极高的心理价值。

4.4.2　传统村落公共建筑的乡土社会意义

中国经历了漫长的农耕时期，传统村落在很长一段时间里是主要的聚居形式。陈志华先生在对乡土建筑的系统研究中这样描述：一个村落形成了一个生活圈、一个经济圈、一个乡土文化圈。湘中梅山区域的传统村落构建了乡土生活的整体物质环境，是梅山区域村民的生活圈和经济圈，其中的公共建筑空间，更是梅山乡土社会地域性、文化性特征的重要载体，极具乡土生活化、烟火气与人情味。尤其在传统公共建筑的装饰细节和简易图腾上，均用世俗的符号与其对应的信仰元素联系起来，表达梅山村民朴素的乡村生活态度。这种传统符号的运用，更重要的在于对梅山文化的可识别性记忆，以及对梅山地域乡土文化的传承意义。

在湘中梅山地区，传统村落社会的文化信仰是基于当地的"巫傩文化"，为原始道教信仰的形式，脱胎于中原道教文化和礼仪。它进一步与"梅山蛮"文化结合，形成了今天的"梅山文化"。"梅山文化"具有强烈的地域特色，是在以人为本的实用主义与道教巫术逻辑下形成的这一区域传统村落社会的人文属性，其对建筑形式的影响多体现在具体的营建活动中，如堪舆、风水等。同时，在细节中以简易图腾等象征性装饰为主，并与其对应的信仰元素相联系，表现"梅山文化"。传统村落积极构建了体现梅山区域传统社会文化秩序与格局的公共场所，充分体现出该乡土社会的地域性、文化性、时代性的社会意义。

4.4.3　传统村落公共建筑的保护与传承

1.传统建筑材料与技艺的保护与传承

湘中梅山区域传统村落的公共建筑造型一般都较为简洁，具有原始古朴的气质。其建筑材料以当地山里盛产的石材、木材为主，建造工艺粗而不糙，不乏精美之处（图4-4-1、图4-4-2）。对于传统建造技艺，梅山区域延续得较好，至今大量的建筑

（a）下团村戏楼屋架构造　　　　　　　　（b）正龙村戏台屋架构造

（c）袁氏祠堂挑檐、廊道　　　　　　　　　（d）袁氏祠堂屋架

图4-4-1　梅山传统村落公共建筑构造

（a）木格栅窗　　　　　　（b）花式棂窗　　　　　　（c）藤条压筋

（d）石灰铺面　　　　　　（e）青石基　　　　　（f）麻石铺地（300mm×600mm）

图4-4-2　梅山传统村落地方材料

建造依然沿用传统手工小作坊技艺，如屋面瓦为村民自己烧制，形制尺寸较小。随着对地域文化的保护理念的普及，梅山地区开始重视自身的传统文化，许多较有价值的传统建筑被保护并翻修。在传统建筑装饰方面，有平面彩绘，也有立体的传统雕刻，形式古朴简洁。这些传统公共建筑的构造也有独特的传统手法，如戏楼、戏台屋脊正中的中堆做法，使得这一类传统公共建筑的大型屋架整体造型稳重、节奏明确，具有较强的艺术价值。屋架挑檐及山墙面以木材、瓦片或石材组合成经典的构成形态，是当地典型的传统建筑技艺。

2. 图腾信仰在传统建筑中的符号式运用

自然崇拜和万物有灵论是对自然界或某些事物的崇拜心理，自然崇拜强调客观现象，万物有灵论则认为有独立于客观表象的灵魂从而对其产生主观崇拜。基于这些对自然界的客观与主观的崇拜信念，原始时期的人类开创了另一种形式的崇拜——图腾崇拜。在湘中梅山区域，图腾以一种或多种已经存在的事物为原型，经过主观改造，赋予其超越自然的特别力量，并由此衍生出相关的尊崇行为规则和文化内涵。另外，随着农耕文化一起传入梅山的还有许多中原地区的文化，其中也有渔猎、耕种文化的图腾形象。

湘中梅山区域产生这种图腾崇拜并将这种图腾样式运用在传统建筑构件中是一个逐步转变的过程。这些图腾并不是由一个固定的原型构成的，而是将许多不同的自然物种糅合在一起，形成一种全新的形象。例如，人们最初崇拜古树，特别是高大茂盛的乔木；当木构建筑技术发展到一定程度，许多相对大型的建筑逐渐出现在梅山地区，柱和梁等建筑构件开始使用大型木材，人们对古树的崇拜便体现在梁柱的建造与装饰上。中国传统建筑是以梁和柱支撑整个建筑的，特别是房屋中间最高大的中柱成为梅山人崇拜的主要对象。在这些传统村落中，村民们在营建活动开始和结束时都要举行"立柱""祭梁"等相关祭祀活动。一般是在主要的梁下或柱旁设置火塘，火塘常年不熄，每逢节庆还要在火塘边放上供品、插上香烛进行祭祀，以求家宅平安。柱础、柱身均有许多种类的图式与图腾；屋脊上的图腾也是非常讲究的牛角形式，象征飞黄腾达与蓬勃向上之意；门窗等许多建筑细部上都有图腾样式的装修，寓意吉祥安康，如图4-4-3所示。

图4-4-3 梅山传统村落图腾信仰装饰细部

4.5
梅山传统村落公共景观空间研究

4.5.1 传统村落公共景观空间形态构成

传统村落是形成较早，有较为丰富的自然景观资源和文化景观资源，有一定历史、文化、科学、艺术、经济、社会价值，且有保护意义的村落。传统村落公共景观包括自然与人文两方面，自然景观本就是传统村落的核心特征、立村之本。中国的传统村落几乎均处于自然环境优美的山水环抱之处，立于自然天成的地域环境中。湘中梅山区域传统村落中的自然景观要素为自然山体、树木、水流等，以及未受人类影响和改造的自然元素等，共同构成传统村落独特的自然生活环境。这些自然景观要素处处生景，资源非常丰富。地貌、地质、水体、植物甚至气候等一切可见、可觉、可闻的事物都可成为自然景观元素。这些自然景观是空间性的，也是时间性的，是静态的，也是动态的；具体可分为地形、地质、天文景观，以及森林、生物、气候景观等。

传统村落景观除丰富的自然景观外，还有极具地域传统特色的人为与文化景观，即人文景观。人文景观是指人类创造力对自然的作用，且受自然环境的限制，又表现出独特的地域文化，尤其是在社会、文化、宗教上的表达，是人为景观与文化景观的合称。梅山传统村落的公共景观是以梅山区域的自然山水景观为基础，结合村民主动营造活动而形成的具有当地"梅山文化"特征的人造景观的综合，具体包括这些典型传统村落的整体形态、街巷肌理、建筑单体等，以及自然环境在不同尺度下构建的公共景观内容、类型、意象及形式等。本书从传统村落抽象构成的面、线、点三个层次依次进行综合分析。

一是公共景观的面空间——村落整体形态。传统村落本身就是一种创造性地改造自然的人文景观形式，也是与自然环境有机融合的独特形式。以下团村为例。下团村整体形态体现了以自然天地为尊，讲究"天人合一"的自然本源，体现出山水意象、生态意象和趋吉意象。村落的选址和布局均体现出古人的自然观、生态观及其追求诗画境界的环境观，其公共景观以古老的风水理论为依据，形成的"风水宝地"也是有

着较高品质的自然生态景观。下团村依据自然的河道、山川地形，创建了良好的自然
景观形态，是村民长期生活经验和智慧的体现（图4-5-1）。自然景观元素与人文景
观元素被很好地协调组织在一起，形成了整体景观的面要素。

图4-5-1 下团村丘陵河道景观图

二是公共景观的线空间——街巷肌理。湘中梅山区域传统村落中的街巷肌理构成
了独特的线性景观，以正龙村的街巷空间为例，如图4-5-2所示。正龙村的街巷肌理
是基于传统商业贩卖功能而形成的线状形态，结合正龙村不同高度的自然山地地形，
展现出层次丰富的街道景观、景观各异的线性空间。正龙村的线性街巷空间基本可以
分成直线与曲线两种形式，再加上村落中典型的山地地形、建筑功能流线及环境构成
元素等，又可派生出一些折线形、复合式的街巷肌理，构成了正龙村公共景观线性空
间的独特韵味与商业公共场所的氛围。

三是公共景观的点空间——建筑单体。在传统村落公共景观中起重要作用的是建
筑单体，它们是景观空间中最重要的元素。以构建了优美的田园景观的上团村为例，
如图4-5-3所示。在上团村整体平坦的绿色田地与地势舒缓的丘陵中，公共建筑的点

图4-5-2 正龙村高山梯田景观图

图4-5-3 上团村田园景观图

状形式在平面构图中起到画龙点睛的作用。加之村中的公共建筑体量较大且形式多变，如有独栋式、三合院、四合院等，丰富了各种景观的构成要素。这些公共建筑在立面构图、尺度、比例、门窗造型及第五立面屋顶的造型上有多种形式，使得建筑细部也体现了对人文景观的地域性表达。另外，地方建筑材料的运用，如本地的木材、石材、灰土青砖等，很好地展现了梅山地域文化下传统村落的田园气息。

4.5.2 传统村落公共景观的场所感知与空间营建

湘中梅山区域传统村落景观是自然天成与人工营建的完美结合，是拥有不同时代特征的独特的记忆符号。其公共景观的营建是在对传统村落自然环境尊重的前提下再营建的过程，要符合村民的意愿，并富有人工场所的特征。传统村落公共景观是从使用者对景观的场所感知角度去营建的，是自然与人造环境的融合。

1．传统村落公共景观空间的场所感知

在湘中梅山区域的传统村落中，自然的梅山山水是这一区域得天独厚的优势，与大自然的融合是当地人最朴素的村落场所诉求，其传统村落景观的自然场所感知在营建中表达的是村民们最自然、最熟悉的感受。梅山传统村落的公共建筑是非常具有地域特色的景观因素，是与村民有直接关系的空间。公共建筑主要包括祠堂、戏楼、风雨桥、街巷等。这些公共建筑传承了传统村落宗族家族文化、集体文化与外来文化，是这些世俗文化、生活的体现场所，是传统村落中社会、经济、精神的中心，也是传统村落中最具归属感的场所。

2．传统村落公共景观空间营建
（1）传统村落公共景观空间结构

梅山传统村落的公共景观是由自然环境与人文环境共同形成的有机的空间体系，由传统村落中的景观构成元素分区域、分地形、分功能地组合营建。梅山传统村落中各区域组团地形特征各异，每个区域有相似的空间功能关系，但每个区域又各有特色。因此，各区域景观空间营建就充分体现了各种功能需求与自然地形环境相结合的关系，既实现着传统村落自然景观的生态可持续发展，又引导着传统村落人文景观的

和谐发展。而自然景观与人文景观的共同营建最终实现了传统村落公共景观多层次空间结构的建立。

（2）传统村落景观的中心与边界

在传统村落形态构成中，中心和边界是两个重要的元素，同样，在其景观空间构成中，中心和边界仍然是两大重要元素。在梅山传统村落公共景观空间中，中心与边界依然是非常活跃的建构元素。在针对现有村落景观真实感受而进行的调研中，约有75%的村民认为村落中有明显的中心，但对景观边界的感知却模糊不清。本研究所涉及的传统村落中，景观中心的类型基本为公共建筑，如祠堂、戏楼、村委会，也可能是公共休闲活动场所，如古树下、凉亭中、公共过道等。这些中心往往承载着双重或多重的功能意义，是能带来精神慰藉的空间场所。相对于景观中心感的鲜明性，景观的边缘感在逐渐模糊化。一些传统村落公共景观边界与村落行政边界重合，许多自然公共景观是多村落共有共享的，这是导致传统村落公共景观边界模糊的主要原因。

（3）传统村落景观空间的开放性与封闭性

梅山传统村落的公共景观空间是开放性与封闭性兼容的。例如宗祠和古戏台空间，它们在整个村落布局中处于核心位置，自然成为景观空间的中心。同时，祠堂空间又相对较为封闭，其功能决定了这些场所的严肃性与权威性，除非大型祭祀与庆典，平时聚集较少。而街巷、村委会广场、风雨桥等公共空间，却是传统村落景观中最为开放的空间：街巷是日常商业集会的场所，村委会广场是村民聚集办事的场所，风雨桥是交通交会点，也是邻里交往活动的高发地。传统村落公共景观所呈现的开放性与封闭性，都是在该地域的自然环境下，体现人们社会公共活动互动的结果（图4-5-4）。

湘中梅山区域传统村落的公共建筑空间，是在自然地域条件下，结合"梅山文化"创造的独具特色的传统公共空间环境。它们集中体现了梅山地域性、文化性、时代性的场所精神。这些公共建筑空间是基于自身文化传承与自然地域条件相互协调发展形成的，是梅山传统村落公共景观构成的核心元素。它们突出了湘中梅山区域村落的地缘、亲缘、文化因子，尊重梅山的地域文化内涵，满足了传统村落公共建筑空间的时代化需求，实现了梅山传统村落公共建筑空间具有识别性、归属感的公共场所精神的传承。

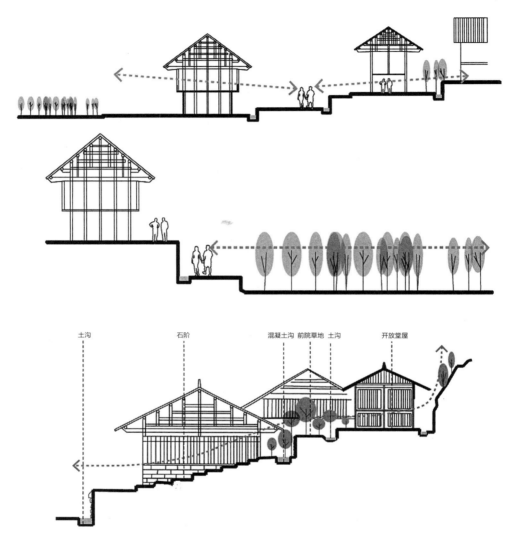

土沟　　　　　石阶　　　　混凝土沟 前院草地 土沟　　　开放堂屋

图4-5-4　传统村落景观开放性与封闭性分析图

第 5 章

湘中梅山区域传统村落居住建筑空间研究

众所周知，人类的建筑活动是从居住建筑开始的，如穴居、巢居就是最原始的居住建筑类型。中国早在夏商时期，就将住宅列入祀典。《礼记·典礼下》记载："天子祭天地，祭四方，祭山川，祭五祀。"《白虎通·五祀》记载："五祀者，谓门、户、井、灶、中霤也。"❶这五祀，就是中国古代居住建筑的重要的功能组成部分。"住宅，就是一家子的居住建筑。"陈志华先生在《中国乡土建筑初探》一书中如此定义了居住建筑。而对于有着悠久历史的传统村落而言，居住建筑更是其最重要的组成部分，也是其中数量最多的建筑类型。在梅山传统村落中，居住建筑空间是生活化、地域化与民族化的综合载体，是文化传承最直观的见证。对在传统村落中占绝大多数的居住建筑空间进行研究就显得十分重要。该研究内容庞杂、丰富且具有生活情趣，能切实探究村民们的传统生活场景，并挖掘其内涵。梅山传统居住建筑很好地利用了梅山区域的自然环境，并结合"梅山文化"、传统技术、经济条件等社会人文因素，创造了极具梅山地域文化特征的传统居住空间格局。在微观尺度下，梅山传统村落居住建筑的传统营建，更是具有"梅山文化"的生活印记、梅山地域特征，以及宗族、民俗、文化等传统内涵。

5.1
梅山传统村落居住建筑概述

居，即居所、住宅；住，是人们在居所里栖息❷。传统村落中的居住建筑是村民最基本的栖身、活动空间，它们适应地形地貌等复杂的自然环境因素和乡土文化等社

---

❶　出自东汉王充所著《论衡·祭意》。

❷　《新华字典》释义。

会因素，具有公共性与私密性两层含义。其中，自然环境因素对传统村落居住建筑的影响是客观直接的，如地形、日照、通风、降雨量等都直接影响居住建筑的功能与形式，有着深刻的自然环境的印记。而社会因素的影响则是主观间接的，包括地域文化、社会经济的影响，也包括村民们家庭生活、家族家规、血亲乡亲等的影响。传统村落的居住建筑空间需要包容各种功能需求，如传统农业耕作的生产方式、相互融合的各民族文化、承前启后的家族传承，以及适应日新月异的社会经济发展等。传统村落居住建筑的空间需求呈现多元化、人文化的社会特点。

在梅山传统村落中，其居住建筑空间既要顺应独特的梅山自然环境，又需要充分考虑"梅山文化"的人文社会环境，因此，居住建筑的形式划分为：依据社会家庭功能，有核心家庭的独栋住宅，也有大家族围院聚居的形式；依据自然地形环境，有一字形、L形、U形及一些变体形式等（图5-1-1）。梅山传统村落的居住建筑基本都

（a）正龙村

（b）下团村

图5-1-1　梅山传统村落居住建筑概貌

（c）上团村

（d）楼下村

图5-1-1 梅山传统村落居住建筑概貌（续）

是木质干阑式，真实地体现了村民生活方式、行为方式与价值观，遵从中原地区儒家、道家伦理思想，如居住建筑强调长幼尊卑的秩序，凸显堂屋的核心地位，父母与子女的卧室有固定的位置。这些居住建筑造型简洁，功能分区清晰，建筑材质朴素，建筑装饰透露出浓郁的地域文化气息。

5.2
梅山传统村落居住建筑空间解析

"居住是在人与特定环境之间建立一种有意义的空间关系"。居住意味着要与他人交往，同时也需要为自己选择环境。对梅山传统村落的居住建筑的空间解析，仍然从居住建筑空间与形式两大方面入手，尤其注重空间形态、建筑功能形式、营建材料等，以及与梅山地域自然环境形成的这种独特的有机生长的形式。

5.2.1 梅山传统村落居住建筑与环境

居住建筑是梅山传统村落中的主要建筑类型，是村民日常生活的主要场所，也是传统村落环境的主要构成元素。它们以直观和明显的方式集中表现出居住与环境的密切关系，传达出传统居住的乡土场所精神。"住宅是某个固定点，它将其环境变成居住场所，以此场所成为人们行为的根基，作为环境之中的建筑形象，为人们提供了安全之所" ❶。

---

❶ 克里斯蒂安·诺伯格-舒尔茨. 居住的概念：走向图形建筑［M］. 黄士钧，译. 北京：中国建筑工业出版社，2012.

梅山区域传统村落的整体环境仍然有着农耕时期的特点，当地村民的主要生产活动仍是耕田种地，他们日常生产、生活的场地就是各自居住建筑的周边，房前屋后均是可以劳作的田园菜地，其活动轨迹基本固定为居住—门前下田—后山种地—下山回屋。这种传统、朴素的人地关系自然而然地维系着居住建筑与环境的和谐关系（图5-2-1）。本书选取的四个传统村落，其居住建筑都直接表达周围环境，居住空间

（a）正龙村

（b）楼下村

（c）下团村

（d）上团村

图5-2-1 梅山传统村落居住建筑环境概况

直接与生活环境、农耕环境、自然环境、邻里环境密切相连。山、水、田、地，农作物、牲畜、住宅、人，均是传统村落居住空间的构成元素。这样的传统居住空间融合了传统村落生活特有的乡情、乡趣、乡愁以及乡村生活中朴素恬静的因子，构成了地方特有的景观，孕育了当地的文化。

5.2.2　梅山传统村落居住建筑空间分析

　　对梅山传统村落中居住建筑空间的分析研究，将使用最直接、最常用的建筑空间表现方法即平面图、立面图和照片来表达。布鲁诺·赛维在《建筑空间论》中写道，"平面图是整体评价建筑的唯一图样"，他非常强调平面图对建筑空间的表达作用。勒·柯布西耶也强调"平面是建筑根本"。对梅山区域传统村落中居住建筑空间的研究也从平面着手。村落居住建筑的平面中，矩形是基本构图形式，以此为基础变化为L形、U形、凸字形等，如图5-2-2所示。轴线构图是中国传统民居的最基本的方法，轴线使居住建筑布局完整统一、主从关系明确。梅山传统村落的居住建筑空间次序是依轴线统一变化的。另外，从图5-2-2中还可以分析出，传统村落居住建筑空间的变化及变体形式的不断出现，其原因是居住功能的不断变化，如家庭结构的变化、

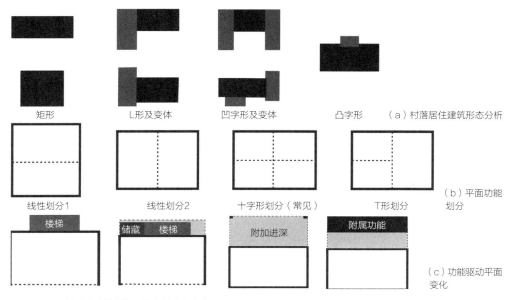

图5-2-2　梅山传统村落居住建筑空间解析图

生活需求的变化、生活方式的变化、信息科技的影响等。虽然如此，梅山传统村落居住建筑空间对传统的传承却从未改变过。在其居住建筑中，居中的堂屋空间依然体现着对先祖、守护神的崇拜与尊敬，表达着朴素的伦理道德观及传统的地域文化特色。

1. 梅山传统村落典型居住建筑平面

在梅山传统村落中，居住建筑的平面布局以儒家中庸思想为指导，讲究不偏不倚，以"用中为常道"，以取"中"协调、和谐、平衡、统一为原则，常用中轴对称的布局，调和高低、左右、大小的差别。此外，梅山传统村落居住建筑空间形制也严格遵循家族、家长等级次序，其建筑空间在中轴布置的基础上，基本序列为：轴线中央是首位，前为轻、后为重，左为上、右为下，中为主、侧为辅。

在这些传统村落中，居住建筑受山地地形限制较大，住宅依山而建，体量通常都不大，以独栋为主。"间"是住宅建筑的基本单位，以堂屋为中心，对称布置三开间、五开间或七开间，一般两层。一层主要空间由堂屋与其他生活起居空间组成。堂屋居中，以堂屋为中心，其他房间居其两侧。开大门，设神龛，两边设小门与隔壁房间相通。伙房、杂物间及牲口棚等生活辅助空间布置在一层平面后部。楼梯设在堂屋里或堂屋外，方便连系上下空间。在主体建筑一侧或两侧再加建厨房和牲口棚，进深多为两进深，平面形式非常舒展。二层主要布置储藏室，部分设储藏阁楼。设置抄手游廊，连接各个卧室。辅助空间为走廊、楼梯，同时将生活空间拓展到第二层，形成竖向空间分区；若仍无法满足使用需求，则水平向增加对称开间，布局基本规整，但也讲究局部的变化，如局部挑檐、部分伙房凸出平面等，既满足功能需要，又使平面形式变得丰富。各住宅在空间组织、开间进深尺寸上相似，模块特征明显。调研的大多数居住建筑采用"一进两横"的形式，俗称"一担柴"式平面布局，两层三开间（图5-2-3）。

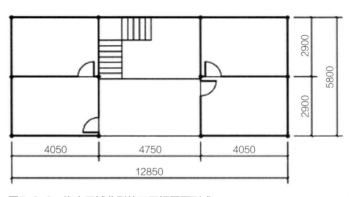

图5-2-3 梅山区域典型的三开间平面形式

2．梅山传统村落典型居住建筑立面

在梅山区域建房，受地形地势的限制较大，其居住建筑结合功能要求，并充分发挥山地不同等高线构图的空间效益。居住建筑的体量均不大，且立面形式基本是三段式构图，由台基、墙身和屋顶三部分组成。由于山区湿度大，台基层多由毛石堆砌，架空300～500cm高以利于基底防潮，有屋主在此架空层内圈养鸡鸭。墙身段一般有两层。一层为主要功能空间，根据采光通风需要开设门窗，立面中央是堂屋大门，通常门高2m、宽1.8m，设门槛。一层的窗多为高窗，以木质窗棂分隔。一层设门廊，门廊可为柱廊和无柱悬挑两种形式。房屋柱子非常考究，由柱基、柱身和柱头组成，柱基由石材垫底，柱身有明显收分且尺度宜人，柱头有花式与穿梁斗栱连接，建筑细部非常精美。二层多为储藏空间，因此开窗较小。有的住宅二层设置住人空间时会设计"美人靠"以丰富立面造型。建筑屋顶为清一色的青瓦双坡屋顶。山墙面上能清晰地看到穿斗抬梁的屋架造型，加以竹编夹泥工艺镶嵌，使其具有传统的技艺特色。

居住建筑大量使用夯土墙、木装修墙面、白粉墙、砖墙等多种当地的建筑材料，表现了传统材料、传统工艺、传统装饰的独特的立面效果。基本的立面形式被当地人称为"一担柴"，如图5-2-4所示。为应对各种使用需求，当地村民营建了许多变体形式的住宅，丰富了居住空间，也丰富了村落环境。不同尺度与比例的运用、对称与不对称的处理也带来不同的立面韵律感。

图5-2-4　梅山传统村落典型住宅"一担柴"立面图

3．实例研究

　　湘中梅山区域传统村落的居住建筑以面阔三间、竖向两层的居住形式为主，功能合理，形制规整，实用简洁，经济紧凑。面阔一间的尺寸一般为3.3～4.2m，层高2.8m（图5-2-5）。为解决功能需求，可在此典型三开间住宅形式的基础上在两边加建偏屋，形式上与主体不是一个整体，且偏屋材质也常与主体不同，这种加建方式在这些传统村落中非常常见。通常，公共的辅助部分如厨房、茶水间等凸出的部分与一层连廊共同形成半室内公共走道，具有实际功能，如从厨房端菜送饭等（图5-2-6）。

　　在此基础上还有较多形式的演化，在经典三开间基础上发展成五开间、七开间住

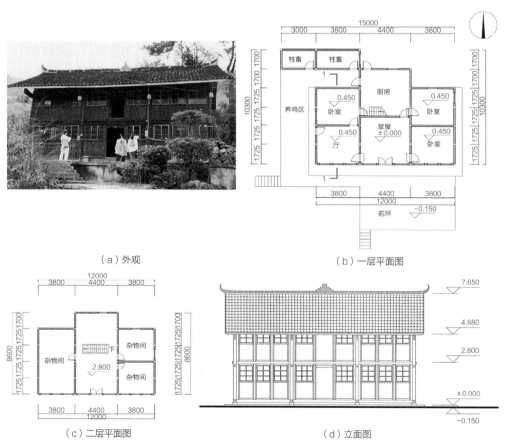

（a）外观

（b）一层平面图

（c）二层平面图

（d）立面图

图5-2-5　典型的三开间住宅

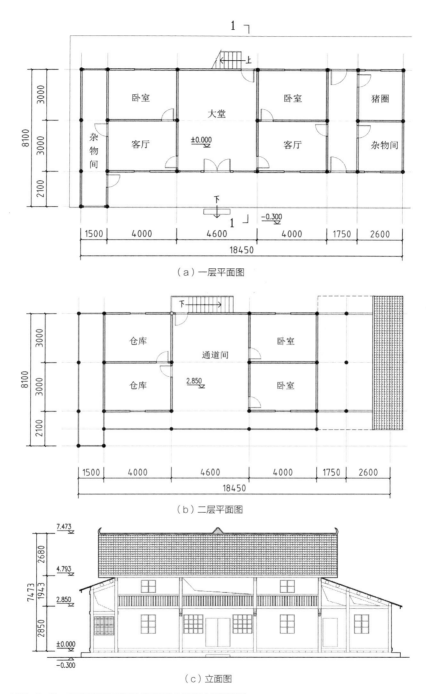

（a）一层平面图

（b）二层平面图

（c）立面图

图5-2-6　在典型三开间住宅基础上两边加建偏屋

宅的较多，平面几乎都很规整舒展，如图5-2-7、图5-2-8所示。此外，还有在典型三开间形制基础上加一开间辅助功能房间，整体构成四开间的L形住宅，形态舒展，功能分区明确。L形住宅在上团村与下团村也较多，形式和尺寸较前两个村落只增加了面阔开间的数量，单间尺寸无变化，层高亦无差别。L形住宅在梅山传统村落中较常见，随着主体面阔的增大，场地围合程度也随之提高，这样的格局使得居住空间更加开阔舒展。形式多变的居住建筑获得了丰富的室内外空间效果。

此外，在梅山传统村落中还有一些数量不多但很典型的较大体量的合院式住宅，

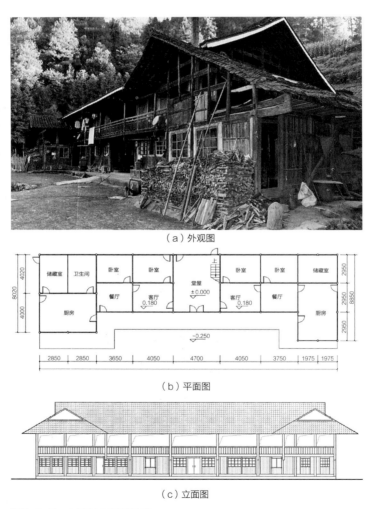

（a）外观图

（b）平面图

（c）立面图

图5-2-7　上团村七开间住宅

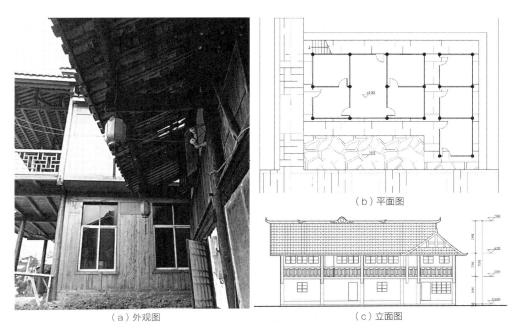

（a）外观图　　　　　　　　　　　（b）平面图

（c）立面图

图5-2-8　下团村L形住宅

如U形或凹形住宅，它们三面围合成三合院的形式。U形住宅围合度稍小些，平面两边凸出较少，如图5-2-9所示。凹形住宅围合度较大，院落尺寸也就相对大些。这些合院式住宅的功能较其他形式复杂，房间数量较多，居住人数也较多。但由于小家庭与大家族的关系日渐疏离，合院住宅内部空间分配也出现了许多的变化。也有许

（a）鸟瞰图　　　　　　　　　　　　（b）外观图

图5-2-9　U形住宅

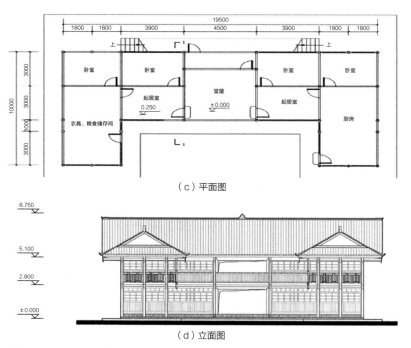

（c）平面图

（d）立面图

图5-2-9　U形住宅（续）

多人家共同经营民宿，有大的公共活动共享平台。围合的空间分别形成不同的出入口，自住与游客分区非常明确。如图5-2-10所示，上团村有处凹形三合院住宅，其周边风景优美，围合的凹形室外院落直接面对一片荷塘。平面形式完整舒展，功能复杂合理，一个大家族三代人分住三处，和谐且独立。立面形式对称，细节处又有变化，统一中具有韵律感。这些异形住宅使得梅山传统村落居住建筑的形式更加丰富，能充分表现梅山区域山地居住建筑的空间形态特征，以及居住建筑与其环境的空间关系。

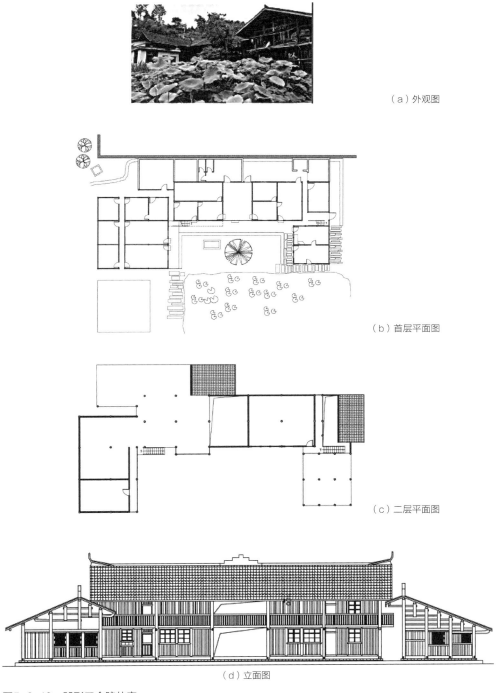

（a）外观图

（b）首层平面图

（c）二层平面图

（d）立面图

图5-2-10　凹形三合院住宅

5.2.3　梅山传统村落居住建筑细部研究

　　梅山传统村落居住建筑的细部装饰反映了梅山的文化元素及地域风土人情。当地
居住建筑在建筑细部方面依然保留了传统的做法和样式，许多装饰受到当地"巫傩文
化"的影响，同时也融合了当地道家与儒家的文化精髓（图5-2-11~图5-2-13）。
住宅屋顶正脊两侧吞兽多采用牛角的形式，以表达当地农耕文化中对牛的崇拜，同时
也是对当地祖先蚩尤的纪念，传说蚩尤头生牛角。住宅堂屋供奉儒家、道家神灵的神
龛，门楣设置神祇象征。这些细部装饰图中充满了独特的对自然万物崇拜的细节，如
对自然山体的崇拜而出现山字形的封火山墙；窗棂的设计中有花草鸟兽等具象元素，
人物也成为装饰元素。还有许多寓意吉祥安康的图形用于装饰中，如蝙蝠、寿桃、鱼
跃龙门等中国传统元素。柱子在梅山传统住宅中是基本的建筑元素，也是重要的装饰
素材，装饰主要集中在柱基。柱基多由石材构成，石材上雕刻花式，木质柱身简洁刚
劲，立于柱基之上，挺拔而不失柔美。

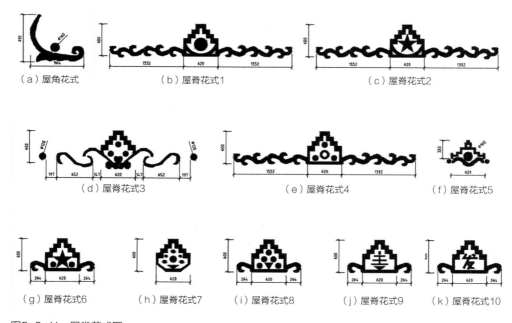

（a）屋角花式　　　　（b）屋脊花式1　　　　　　（c）屋脊花式2

（d）屋脊花式3　　　　　　（e）屋脊花式4　　　　（f）屋脊花式5

（g）屋脊花式6　（h）屋脊花式7　（i）屋脊花式8　（j）屋脊花式9　（k）屋脊花式10

图5-2-11　屋脊花式图

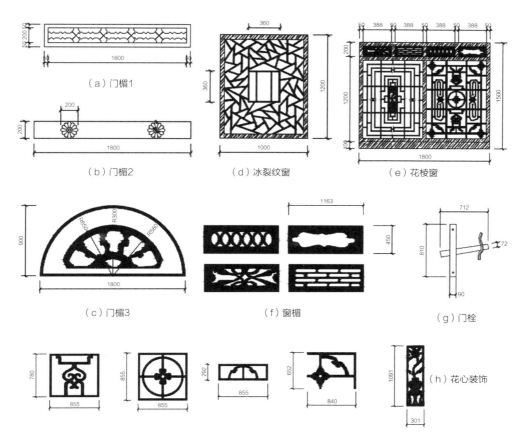

图5-2-12　门窗花式图

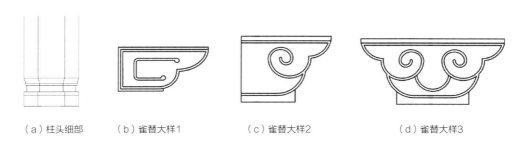

图5-2-13　柱子、雀替装饰样式图

5.3
梅山传统村落居住建筑空间营建

5.3.1　传统村落居住建筑的内部空间

1. 居住建筑内部空间布局与功能

梅山传统村落居住建筑被当地人俗称"上栋下宇"穿斗式"板屋"。宋章淳道："人家迤逦见板屋"，"板屋"即木板屋。其传统居住建筑内部空间基本为三段式。屋架是传统住宅的骨架，屋架与梁柱之间的空间尺度较小，多作储存杂物之用。二层是较为开敞的空间，屋架出檐部分与游廊的结合丰富了二层空间，开阔了景观视线；一部分居住用房位于二层。一层空间主要是公共起居部分，重要的堂屋位于一层居中，堂屋后为连接上、下空间的楼梯（图5-3-1）。

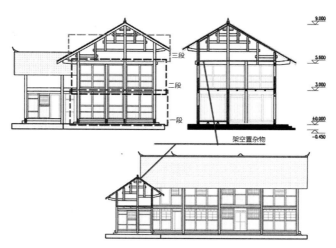

图5-3-1　三段式住宅剖面、立面示意图

2. 居住建筑内部空间结构形式

依据内部空间清晰的流线，梅山传统村落内部空间的结构形式为典型的穿斗式，即沿房屋的进深方向按檩立柱，柱上直接架檩，不设梁，檩上布椽。每排柱子

靠穿透柱身的穿枋横向贯穿起来，形成一榀构架。每两榀构架之间使用斗枋和纤子连接起来，形成整个房屋的空间构架。屋脊线简洁平直略有起翘，结构形式简洁灵巧，且这些居住建筑的屋脊基本是整根的木质大梁。当地建房选梁、上大梁都有习俗。首先要由风水先生根据主人生辰八字择定上梁时间，一般在寅、卯、辰、巳四个时辰进行。然后，在礼炮齐鸣中升梁，一般分三次或五次将梁升至屋顶，每升一次，木工师傅都须"赞梁"。古老的营建习俗延续至今。图5-3-2～图5-3-10分别列举了下团村、上团村、正龙村的典型居住建筑来分析其内部结构形式。湘中梅山传统村落的居住建筑尺度不大，一般纵向3～5排柱网，横向柱网以开间数对应。首层入口部分是廊道空间，由列柱形成柱廊，或直接悬挑而成。正立面墙体多为木板，山墙面多为藤条或荆条打底，抹石灰且中间镶嵌有木柱。木柱并非完全埋于墙体，而是部分裸露接触空气，有利于木材排湿防腐。二层木柱多与木质墙体嵌在一起，第二层空间中柱与石灰墙体脱开较小的一段距离，与首层作用相同，利于对木柱的排湿防腐。石块堆砌成地基且架空，土石夯实做面层，地面处理简单实用。总体来说，木材修整作主要承重结构，用石灰粉刷墙面，屋顶覆青瓦。实践证明，梅山传统村落住宅的穿斗式构架方法技术成熟，结构稳定，造价较低。

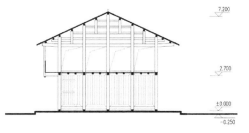

图5-3-2　下团村1号栋住宅　　　　　图5-3-3　下团村2号栋住宅

图5-3-4　下团村3号栋住宅

图5-3-5　下团村4号栋住宅

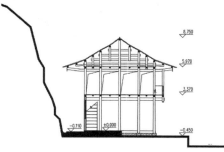

图5-3-6　上团村1号栋住宅

图5-3-7　上团村2号栋住宅

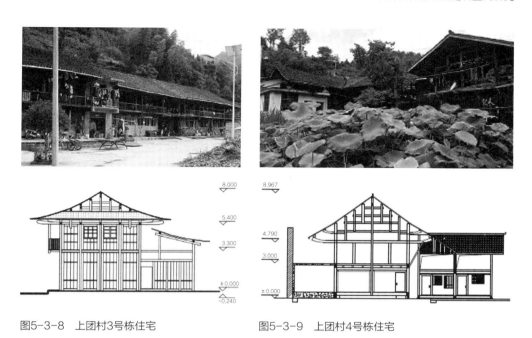

图5-3-8 上团村3号栋住宅 图5-3-9 上团村4号栋住宅

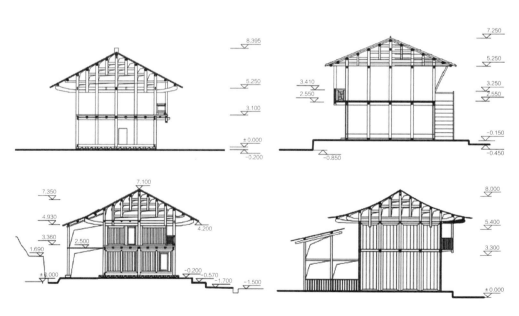

图5-3-10 正龙村典型住宅

5.3.2 传统村落居住建筑的外部空间

1. 独立居住外部空间营建

梅山传统村落居住建筑的外部空间是具有强烈地域性的个体空间场所。村民是居住建筑的主体，他们在与自然环境的对话中表达了居住的独立性，表现为村落住宅的独栋、独门、独户特征。独立的居住环境通过自然材料的运用来实现，同时住宅建筑也通过建筑色彩、装饰弥补自然环境所缺乏的东西。独立居住建筑外部空间的构图元素很丰富：门前屋后的稻田为房屋带来满眼绿色的勃勃生机；门前的小桥流水、屋后的树木成林为居住带来宁静安详；背靠大山是这里村落最常见的居住形式，丰富了竖向层次，视线开阔。各自独立独特的室外空间环境增添了村落住宅的静谧舒适感，居住环境令人向往（图5-3-11）。

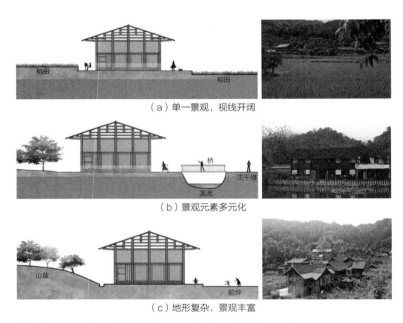

（a）单一景观，视线开阔

（b）景观元素多元化

（c）地形复杂，景观丰富

图5-3-11 湘中梅山传统村落居住建筑典型室外空间分析图

2. 室外局域小环境空间营建

梅山传统村落居住建筑的室外局域小环境是聚居生活很好的写照，烟火气十足，充分表达了氏族、亲朋、邻里之间亲密关系的融合。这些局域小环境与居住建筑之间有连接介质，如菜地、水塘、玉米地、稻田等，这些共同的、熟悉的元素可以促成小区域村民之间的交流，符合村民的心理需求。传统村落居住建筑外部空间是内部空间的延续，其外立面的共同特征也是营建局域小环境的基础，能体现传统村落居住空间相对独立、彼此相连，即围而不绝、分而不断的空间意境（图5-3-12、图5-3-13）。

3．居住建筑室外空间与村落大环境的空间关系

梅山传统村落居住建筑营建的室外空间环境是整个村落大环境的一部分，构建了和谐、直接的传统村落人地关系。以正龙村为例，居住建筑在村落整体形态构成中是重要的部分，其围合的室外空间也是整体场所空间的重要部分，建筑单体则是局域空间的重要元素。村落道路与居住空间的连接方式多种多样，它们将居住空间与村落整体功能紧密相连（图5-3-14）。

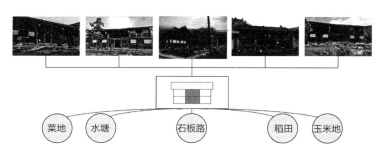

图5-3-12　小区域内各住宅共同的连接介质

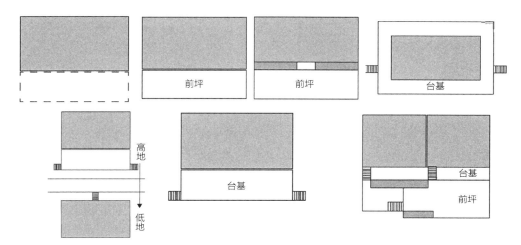

图5-3-13　居住建筑室外空间分析图

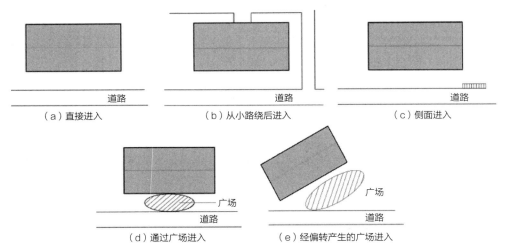

图5-3-14　正龙村居住建筑与道路的关系

第6章

湘中梅山区域传统村落及其建筑空间的发展研究

　　传统村落的发展是中国新农村建设的重要组成部分。在一系列传统村落建设政策的指引下，业界开展了大量传统村落保护与发展的研究工作。2017年，党的十九大提出乡村振兴战略，明确提出乡村建设的总体要求："产业兴旺、生态宜居、乡风文明、治理有效、生活富裕。"2018年7月，习近平总书记在全国乡村振兴战略工作会议上指出："乡村振兴的实施应激活乡村的内在动力，让广大农民在乡村振兴中有更多获得感、幸福感、安全感，遵循乡村发展规律。"在传统村落建设方面，2012年4月由国家四部局即住房和城乡建设部、文化部、国家文物局、财政部联合启动了中国传统村落的调查。半年后，通过各省级行政区政府相关部门组织的专家调研与审评工作初步完成，全国汇总的数字表明，我国现存的具有传统性质的村落近12000个。随即四部局成立了由建筑学、民俗学、规划学、艺术学、遗产学、人类学等专家组成的专家委员会，评审出"中国传统村落名录"，入选名录的传统村落成为国家保护的重点村落。

　　在湖南，传统村落建设发展依托政策与规范。2010年，由湖南省住房和城乡建设厅、南京大学城市规划设计研究院和湖南省城市规划研究设计院联合编制出台《湖南省"3+5"城市群城镇体系规划》，为乡村建设中湖南传统村落的规划、设计及研究提供了准则，明晰了乡村村落发展定位的重要性，促进了乡村原住居民聚居及环境的根本发展。湘中梅山区域传统村落的建设发展也被纳入该规划体系，以应对其传统建筑损坏严重、传统村落发展相对滞后的情况。梅山传统村落地处梅山深处，大多数村落交通闭塞、道路狭窄、地势险恶，不利于交流发展，但"传统村落及其建筑是传统技艺的载体，体现不同的材质文化、民族文化特征，从而产生千变万化的地域文化"❶。保护这些传统地域民俗文化载体的建筑空间及其环境空间任务艰巨，在保护传统的同时，也需要适应时代变化而发展。本章考虑到各种时代变迁因素的影响，主要从地域性、文化性、时代性三方面展开传统村落可持续发展研究，从而深度挖掘其发展内涵及实践建设。

---

❶　朱丹，朱小平. 中国建筑艺术简史［M］. 北京：清华大学出版社，2015.

6.1
梅山传统村落的变迁趋势

随着中国城镇化建设飞速发展，传统村落及其自然环境被动式地不断遭受开发与破坏。中国的传统村落发展正经历着从农耕文明直接到现代化文明的跨越式发展阶段。传统的生产方式随着社会经济信息化与多元化的影响，发生了时代性的变革，传统的生产、生活空间面临功能、形式转型的需求。同时，随着社会精神文明环境的发展，传统的家庭生活习惯、观念、行为也发生了巨大改变。传统村落及其建筑空间随着使用主体的需求变化急需发展转型。梅山传统村落及其建筑空间的变迁发展，是积极应对社会、经济、物质与精神环境变迁的根本对策，有效促进了传统村落自然、社会、经济、人文、环境有机、协调地发展，最终实现可持续发展。

6.1.1　传统村落社会家庭生活的变迁

梅山传统村落地处交通闭塞的梅山深处，在国家提出乡村振兴战略前发展较慢。本书以四个传统村落为例调研传统村落家庭结构的变化。20世纪80年代前，村落中三代和多代家庭所占的比例很大，分别为64%和21%；到2008年，三代和多代家庭所占的比例大幅度下降，分别为37%和12%。家庭基准户是每户4人，基准户的建筑占地不超过80m^2。随着时代的发展，大家庭开始逐步分裂，小家庭独立化，原有的大家族聚居模式被小家庭散居自由模式取代，多元的非血亲的家庭单元组合方式逐渐出现，传统村落社会家庭结构发生变迁。

另外，社会经济的发展使得传统村落外出务工的村民人数逐年上升，人口流失严重，乡村留守人员多为老人和小孩，而且逐年减少。农宅空置率很高，年久失修的房屋很多。2016~2019年调研人口流失的情况如下。正龙村：走访105户，空置28户，老人留守56户；楼下村：走访67户，空置23户，老人留守30户；下团村：走访123户，空置54户，老人留守43户；上团村：走访94户，空置46户，老人留守37户。因村民外出打工，传统村落人气凋零，乡村生活场景冷清，农宅无人看顾、年久失修，村落整体与建筑的破坏比较严重（图6-1-1）。

（a）楼下村空置、失修的住宅   （b）正龙村空置房屋

图6-1-1 湘中梅山传统村落社会生活现状图

6.1.2 传统村落经济生产方式的变迁

梅山传统村落的主要生产方式目前仍然是农耕，耕种梯田水稻是这一区域的生产特色。近些年由于扶贫政策及"美丽乡村"政策的带动，梅山传统村落也积极投入保护性旅游业，许多传统建筑改变为旅游服务功能，试图以旅游业带动村落经济发展。在2016～2019年期间，调研的梅山传统村落，除了春节期间人气旺些外，其余时间段青壮年很少，外来旅游的人也很少，即使是假期。虽然参观旅游式的经济发展模式对湘中梅山区域的乡村建设、乡村农耕经济的现代化转型有一定的促进作用，但传统村落经济结构的改变及加强传统村落内部凝聚力的村落建设才是其积极发展的根本，必然带动村落及其建筑空间的积极转型。阮仪三对江南古镇提出"保护古镇、发展经济、开辟旅游"的策略，在湘中梅山区域，当地政府确定了保护、恢复性发展与乡村旅游产业相结合的发展方向，以保护为前提，对传统住宅、院落、戏台、祠堂、风雨桥等进行活态的空间恢复，展现生活的真实性。如图6-1-2所示，正龙村将梯田部分改为游客体验的项目，传统商业街主要服务外来游客，下团村、上团村结合古戏楼打造大型娱乐文化广场，积极承接商业演出，推广村落文化，这些举措正改变着传统村落空间。

（a）正龙村将传统梯田水稻作为体验景观　　　　（b）正龙村针对旅游的商业街

（c）下团村戏楼大广场提供大型表演吸引游客　　（d）上团村村委会结合戏台组合广场为旅游服务

图6-1-2　湘中梅山传统村落经济生产方式变迁

6.1.3　传统村落自然生态环境的变迁

传统村落的自然生态系统主要包括土地、植被、水体等自然资源及农田、林地、水系等开发利用的生态环境。梅山传统村落在随时代演进、变迁、发展的过程中，与自然的生态关系也在悄然发生变化，传统村落的功能需求、经济发展、社会文化发展都与原生环境产生了矛盾。

一方面，空间功能需求改变着自然环境。传统村落空间从整体到局部各层级在不断适应村民与游客的新需求，适应新需求的多样化功能给空间带来了改变，尤其是旅游产业对空间功能的改变非常明显，也使自然环境从生产、生活功能转变为游览功能。

同时，旅游业的发展在一定程度上对传统村落原生态环境产生了很大影响，原有的农田、菜地、河道用地等被侵占，新建了游客服务建筑，对原生态村落格局破坏较大，如图6-1-3所示。

另一方面，科技的发展改变着自然环境。在飞速发展的当下，传统村落文化不断与现代生活交融和转化，世界范围的网络科技对传统文化的认同感和生活理念产生深远影响。现代化的建筑功能与形式也悄悄改变着传统村落自然与人文环境。

图6-1-3　梅山传统村落中占用农田、菜地、河道的新建筑

6.2
梅山传统村落发展现状

　　湘中梅山区域传统村落空间的发展，在宏观上表现为传统村落整体形态的扩张、新旧并存与边界的模糊，其整体空间的发展在空间结构和精神认知上都表现出保护与发展并存，且呈现多种因素共同作用的叠加与综合。传统村落空间需应对经济环境、物质环境和人文环境的变迁与传承，但仍需保持可持续发展。在微观上，梅山传统村落及其建筑空间的发展促进了建筑功能的重组、空间形态的重构、场所精神的认同等。在当代物质环境交流日益加深的前提下，传统村落建筑空间的职能开始趋同，致使建筑空间的形式也日益趋同，"千村一面"现象在湘中梅山区域也有泛滥的趋势。随着社会对传统村落精神环境和人文认知的重视，各专家、学者开始梳理传统村落空间发展原理与特征，营建特定场所的认同感与归属感，以实现传统村落及其建筑空间的地域性、文化性、时代性的可持续发展。

6.2.1　传统村落的各主要发展阶段

　　传统村落作为乡村地域的人类聚居形式，是村民生产、生活的载体，它经历了整个社会历史的、政治的、经济的各发展阶段。新中国成立初期的农村经济阶段，费孝通先生将其定义为"土地的利用和农户家庭中再生产的过程"。湘中梅山区域传统村落的经济基础非常薄弱，新中国成立初期国家乡村政策的实施，20世纪80年代家庭联产承包责任制的推行，对梅山传统村落空间影响较小。到了90年代，水车镇、奉家镇等出现了乡镇企业，至此，梅山传统村落从农业经济时期进入乡村工业化时期。这一时期，传统村落人口多集中在当地乡镇企业中，没有流失，传统村落空间变化不大。到了2000年以后，随着乡镇企业发展不景气及城镇化的冲击，大量劳动力进入城市务工，传统村落人口流失严重，村落变得萧条。2010年以后，随着"美丽乡村"建设热潮的到来，在国家及省市各级政府的扶持下，梅山传统村落进入飞速发展阶段，建设旅游景点，发展第三产业，吸引外来资本，促进乡村建设。与此同时，大量的传统建筑被改造成民宿、餐馆、商业等复合体，或加建改造为现代化的公共建筑，这些建设对传统空间的破坏较大。直到2017年，党中央提出乡村振兴战略，积极引导乡村内生活力的发展及可持续的生态环境发展，至此，湘中梅山传统村落开始了自适应的保护与发展历程。

6.2.2　传统村落的发展特征

　　梅山传统村落的发展需要从自身特征上寻求突破，以适应保护与发展的需求。湘中梅山区域传统村落及其建筑空间的独特性集中表现在地域特征、时代自适应特征、文化特征等方面。

　　传统村落发展的地域特征。湘中梅山自然地理环境对传统村落的空间整体体系有约束限制作用。自然的梅山区域大面积为山地，地貌属山丘盆地，中部为资江及其支流河谷，大多在海拔300m以下，整个梅山地质属于典型的地带性红壤。这一范围内地势地貌不利于开展大规模现代农业、经济活动，交通不便，传统村落规模不大，山地特征明显，可以借鉴"田园综合体"模式，充分体现地域特征，包括村落形态、内部功能体系的完整性，以形成更为完善的村落群体。

　　传统村落发展的时代自适应特征。梅山传统村落的时代性特征受到科技信息化的影响。空间主体村民必须面对生活观念、生活方式随时代的根本改变，这种传统村落社会结构的改变必然导致村落空间形态的改变。对于这种时代性的变化，湘中梅山传统村落需要加强自适应的能力。例如，随着互联网在传统村落的发展，网络购物成为主流消费方式，大多数村民依靠快递站点收发货物。传统村落中赶集市场逐渐萎缩，而快递站点逐渐增多。传统村落空间功能格局随着时代发展也将有不小的变化，提高传统村落的自适应能力也将体现时代特征。

（a）鸟瞰

传统村落的文化特征。随着传统村落的逐渐发展、开放，外来信息与文化对传统村落文化产生强烈冲击，城镇化、工业化、信息化蚕食了许多地方文化。对于传统村落文化特征保护与传承，有学者提出了传统村落活态再生的保护体系。例如，水车镇国家保护传统村落楼下村位于紫鹊界梯田风景名胜区内，建村历史悠久，文化底蕴深厚，近代历史上相继出了六个进士、一个状元。楼下村本有保

（b）外观

（c）室内

图6-2-1　楼下村仅存的保留较完整的月形院现状

存完好的54栋古建筑，大多系明清建筑，但随着楼下村村民自身经济条件的改善，许多传统建筑被改建成现代建筑，到现在只剩下一座完好的老宅院。楼下村传统建筑文化损失惨重，急需进行活态保护与传承（图6-2-1）。

6.2.3　传统村落多层次空间发展

传统村落是相对城镇而言的概念，是指包括农业生产、乡村居民点及农田、森林、河流等生态景观要素的地域。湘中梅山区域的传统村落是与特定地域自然环境相互作用的物质载体，承载着村民不同时期进行的建造活动。本书对湘中梅山区域传统村落的整体空间、建筑空间、景观空间三方面平衡发展的研究，反映出这些传统村落空间及其人居环境可持续发展的迫切需求。

1. 梅山传统村落整体空间发展

在梅山传统村落中，整体空间形态的发展变化是社会经济文化发展的直接结果。空间形态具有功能性、识别性，由构成元素来表达。无论村落规模是大是小，其形态的构成元素都是大同小异的。而路径元素即乡村道路交通设施的飞速发展，成为改变传统村落各尺度空间形态的要素。传统村落的中心以前主要是宗族祠堂，随着时代发展，村落由政府机构管理，其中心也改变为各类公共活动中心。传统村落的区域及边界要素的变化是随着村民的迁入迁出及混合聚居的组合变化而变化的，同时，在空间组合上，传统村落由多个局域组团组成，局域组团由多个聚居群组成，而多个聚居群又由多种单体空间组成，这样多层次、多空间形态的发展变化是丰富的。

2. 传统村落建筑空间发展

传统村落的建筑是千百年来村民生产、生活的场所，建筑空间是构成传统村落形态的主要部分。对传统村落建筑空间发展的研究主要为以下几方面。其一，梅山传统村落形成的年代久远，随着时间、空间的变化，许多传统建筑年久失修，面临消失的危险，需要修缮发展。其二，现代社会的发展，引发了村民对传统居住及公共活动空间观念的改变。特别是年轻一代的村民，他们更需要与村落之外的社会进行交流、学习和体验，这些正改变着村民的生活习惯，也改变着传统的建筑空间需求。其三，经济改变生活。部分村民在生活富裕后需要新建、扩建住宅，对建筑空间的需求增加。其四，当代多元文化的交流与发展也直接影响了传统建筑的功能、流线、尺度、形式等。这些要素的综合作用对传统村落建筑空间的影响很大。

3. 传统村落景观空间发展

传统村落有着优质的自然景观资源与文化景观资源，这些是其赖以生存的基础。湘中梅山区域拥有得天独厚的梅山自然风景资源，如位于紫鹊界风景区的正龙村，以秦人古梯田景区为中心，是山地渔猎文化与稻作文化融合的历史遗存，是梅山地域突出的标志性景观。正龙村整个村落以梯田为背景，其梯田灌溉系统的设置具有科学性和实用性，堪称世界灌溉工程的奇迹，景观独特优美。这些自然的、人工的景观均是重要的旅游资源，直接影响正龙村的经济发展。

6.3
基于"两观三性"理论的梅山传统村落发展策略

湘中梅山区域传统村落是一种乡村聚居形式，其连续的产生、渐变与发展的历程是可持续的，研究从地域性、文化性、时代性三方面，为其传统保护与当代发展探索策略与方法。

6.3.1 传统村落的地域性发展

梅山传统村落中各尺度空间与梅山地域环境是相互融合、相互制约、有机统一的关系。传统村落、自然环境与社会环境三者在历史上相当长的一段时间内保持相对平衡的生态关系，人靠地、地养人，人地关系自然天成。在空间的建构上，三者具有内在依托与制约的共生关系，各构成要素均来自传统村落的自然环境与社会环境，但又通过人工营建改造着自然与社会的空间形态。传统村落社会的生产、生活以自然地域为物质载体，以人文精神为意识载体，直观体现梅山地域性特征。"居住生活的街区与村庄是故乡，对它的记忆情感与最熟悉最自然的地域风景联系在一起"。地域性对传统村落的重要性关乎自然生存环境，关乎人文精神环境。传统村落的发展需要体现地域性。

梅山传统村落的发展表现为地域上的扩展与收缩、封闭与开放、围合与延伸相结合，都反映了自然地域的特征，受地形地貌影响。传统村落空间与其相对应的生态环境是统一整体、共同发展的格局。传统村落空间的地域性体现在三方面，如图6-3-1所示。自然环境对传统村落空间发展的作用，直观地体现在空间布局、空间功能形式与场所精神体现等方面，受自然地域条件直接影响。在传统村落社会形态方面，社会职能和属性也需要地域性表达。梅山传统村落空间的社会功能形态是当地村民个体及其村组织的集体精神的共同反映。当地村民是传统村落发展的主体及核心动力，但传统村落的村民在当代社会发展中面临身份认同的困境，外出打工潮致使传统村落人力流失严重，村落荒废。这对梅山区域传统村落的发展趋势有着根本性的影响

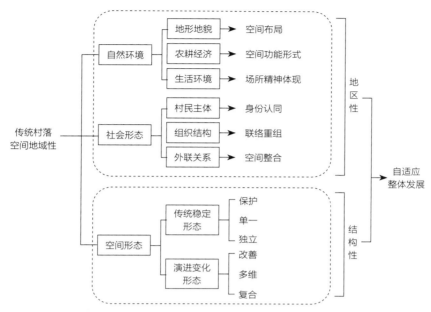

图6-3-1　湘中梅山传统村落地域性发展模式图

力，直接导致传统村落整体形态中物质空间的变化。在空间形态发展方面，梅山传统村落空间本身也需要适应自然与社会的变化发展，且需要在发展中体现地域性、可识别性，实现空间场所结构性的稳定传承与可持续发展。梅山传统村落中各种空间的围合与开放、高低与转合、多维与统一等营建方法的运用，集中反映了传统村落在当代发展中地域性特征的表达。梅山传统村落的发展是传统物质结构和时代意识感知的共同发展，是梅山地域性与传统村落结构性空间形态自适应整体发展的综合呈现。

6.3.2　传统村落的文化性发展

从《雅典宪章》（1933年）到《佛罗伦萨宪章》（1981年），再到《保护历史城镇与城区宪章》（1987年）和《保护非物质文化遗产公约》（2003年），学界对文化性的认知从关注有形的物质性的历史遗存，逐渐发展到对城镇和乡村整体包含的人文价值的认知。因各种因素的交互作用，传统村落空间的文化性经历了产生、发展、变异的过程，其文化性定位是居住空间经历自然、社会环境变迁与时间沉积的结果。

传统村落的相地、勘察、营建等一系列建造过程均要顺应自然，创造"天人合一"的聚居空间及环境，这体现了传统的文化性。随着社会生产力与科技的发展，传统村落的文化性也随之变迁、发展。对传统村落文化性的认知也需要以发展的眼光理性对待。传统的风水理论在现在看来，包含了一定的地理学、景观学、建筑学等学科知识，也有尊重自然、认识自然规律、有节制改造自然的积极的部分，应取其精华，去其糟粕，与不同历史时期的地域文化、世俗理念相融合，形成中国传统村落独特的历史文化性表现。

当地古老的"堪舆术""梅山蛮"文化，先秦梯田文明等都是"梅山文化"的文化印记。随着时代的发展，传统村落的文化内涵、文化模式、文化载体等均发生了变化，特别是现代信息网络的发展更加快了以传统风水理论、宗室血亲、地域文化为基础的传统文化的革新。年轻一代的村民，对现代网络社会的思维方式、交流方式更易于接纳和适应，且随之改变。湘中梅山传统村落的文化性发展依赖于两大文化体系的有机交融发展，即具有传统文化各项属性的基础文化圈、具有时代文化属性的次要文化圈（图6-3-2）。基础文化有着较高的稳定性，而次要文化具有发展潜力，两者共同作用才能促进湘中梅山区域传统村落文化性内涵的推陈出新、生机勃勃。

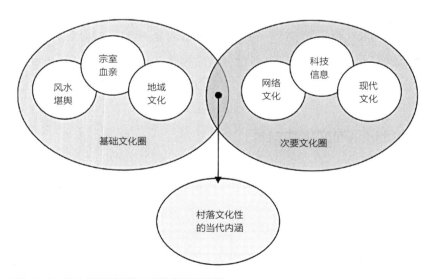

图6-3-2　梅山传统村落的文化性发展示意图

6.3.3　传统村落的时代性发展

《中华人民共和国城乡规划法》中明确提出了促进中国城镇化健康发展的目标及政策，这意味着作为城镇重要组成部分的中国传统村落，其整体及建筑空间适应时代性的发展建设目标也被明确纳入了国家战略发展规划体系。特别是入选"中国传统村落名录"的传统村落将成为探索传统村落保护与发展的重点研究对象。

在中国城镇化快速发展的当代，梅山传统村落也面临着城镇化、工业化、全球化、信息化等时代发展的冲击，以农业为主的传统村落的经济处境尤为艰难。国家财政资料显示，农业占GDP的比重从2007年的11.26%下降至2017年的9%，到2020年这一比值降到了8.25%。这一数值的变化表明农业经济的严重衰退。在传统农业经济衰退的形势下，传统村落的青壮年人口流失非常严重，使得传统村落存在严重的空置化、老龄化、萧条化。梅山区域四个受保护的传统村落空置率也达到百分之六七十，数据触目惊心。

现代经济发展对传统农业经济的改变，也深刻影响了传统村落社会经济结构、生产关系及传统社会结构。这些传统村落社会各种结构关系的变化，也必然导致承载社会经济生产活动的传统村落空间的变化。"自然界中一切物质形式都是适应时代的结果，一切人造形式，包括建筑、村落与城市都应当以适应时代为创造与评价标准"[1]。面对现代社会科技、信息、文化等多方面的影响，梅山传统村落生产生活方式、经济活动方式、交往行为方式都有了不同程度的改变。对于这些经济、社会、思想的时代性变化，作为物质载体的梅山传统村落，其空间结构可归纳为具有可变性、恢复性、适应性特性的三种类型，如表6-3-1所示。在此基础上，针对不同类型分析其具体的空间特征状况，可总结出各自的适应时代性的发展策略。

基于时代性的梅山传统村落特征　　　　表6-3-1

类型	特征状况	主导经济	实例
可变性村落	保留部分传统村落肌理与形制	旅游、农业、手工业	上团村

❶　麦克哈格. 设计结合自然 [M]. 芮经纬，译. 天津：天津大学出版社，2006.

类型	特征状况	主导经济	实例
恢复性村落	留有较大规模传统村落格局与建筑空间	旅游、农业、服务业	下团村、正龙村
适应性村落	存留少量传统村落特征，受当代发展影响较大	旅游、部分轻工业（如小作坊）	楼下村

6.4
梅山传统村落及其建筑空间发展策略

改革开放四十多年来，虽然传统村落地区发展落后于社会平均水平，但也发生了翻天覆地的变化。2018年1月2日，国务院发布的《中共中央 国务院关于实施乡村振兴战略的意见》提出了乡村振兴战略的实施目标：2020年，乡村振兴战略框架体系基本形成。到2035年，乡村振兴将基本实现农业农村现代化。到2050年，全面实现中国特色社会主义乡村振兴。从这一战略来看，中国传统村落及其建筑空间也必须适应时代性，走特色振兴的发展道路。实现湘中梅山区域传统村落及其建筑空间的全面发展，将从传统村落空间的保护与发展共进、定性分析与定量分析深度结合及局部空间重构三方面展开。

6.4.1 保护与发展共进

传统村落是当地村民世世代代"有组织的空间营造"，是"村民用建筑的手段为自己的存在而创造的生活空间"。湘中梅山区域传统村落的生活空间有中原文化南迁与"梅山蛮"文化融合的历史烙印,有多民族融合的乡土生活印记,有梅山地域核心家族文化的传承延续,这些有深刻历史性记忆的场所都需要保护。针对传统村落空间的保护,冯骥才先生提出了四点原则:第一,传统村落必须是整体保护;第二,传统建筑保护体现在时性,立体活态呈现动态的嬗变过程;第三,传统村落是生产、生活基地,面临改善和发展,直接关系到村民的社会生活质量,保护必须与发展相结合;第四,注重传统精神遗产即历史记忆、生产方式、宗族传衍、俚语方言、乡约乡规、生产方式等的保护。

对于湘中梅山区域传统村落及其建筑空间的保护研究,从宏观层面来看,为应对传统村落保护模式的复杂性,需要建立整体尺度下的系统保护模式。借助大数据分析手段,进行整体性全面深入的现状数据研究,从传统空间构建到多层次的传统空间秩序,再到其在梅山地域、文化与时代性中的独特表征。传统村落的保护需要有发展性,要用现代文明善待历史文明,要尊重人文精神,要善用旅游传播传统等。从微观层面来看,要对传统村落建筑空间形态、建筑空间组合及空间构成的元素和肌理,建筑空间场所的构成、各空间有机序列及传统空间场所精神的营建等进行保护性研究。传统村落空间构成要素,如道路、边界、节点、建筑与核心标志物(祠堂、戏台、宗庙等),由于规模、基址地形、时代功能等的变化,使得空间关系也在不同时代存在差异性,但仍能将世世代代的传统精神流传与继承下来。因此,对各尺度空间发展性的保护研究,是对自然环境与社会人文环境的传统原真性的尊重。

湘中梅山区域传统村落及其建筑空间还需要适应时代的发展,发展与保护是有机统一的。应对传统村落及其建筑空间建立有效的保护性发展体系,针对湘中梅山传统村落的特点,研究适合梅山区域传统村落的保护发展模式,具体为:博物馆式保护发展模式、人文历史保护发展模式、活态体验保护发展模式、红色特色保护发展模式,分别对应湘中梅山区域的四个受保护的传统村落(表6-4-1)。其中,地处湘中梅山紫鹊界风景区的正龙村,由于其历史悠久、规模较小、布局完整集中、旅游资源丰富且独特,研究采用博物馆式保护发展模式,保护并展示最具特色的梯田耕种原生情景,积极吸引旅游资源,带动村落发展。楼下村地处较为开阔的山脚盆地,交通较其他保护村落更方便。其历史人文积淀深厚,名人较多,但破坏较严重,可以打造突出历史文化性的人文历史保护发展模式。地处梅山深处的下团村规模较大,布局呈线性,较松散,拥有"古桃花源"千亩桃林及水风景资源,可以打造活态体验的保护发展模式。上团村拥有红二军团遗址建筑、红军长征时的遗址路线等红色印记及梅山古寺，可以采用突出红色特色保护发展模式。

湘中梅山传统村落保护性发展模式

表6-4-1

保护发展模式	内容	代表案例
博物馆式保护发展模式	保护传统村落的完整性、原真性。展现紫鹊界梯田耕种的生产场景全过程，并保护这种生产方式的整体性，保护生产场所，保护生产仪式性。博物馆保护发展模式还原并展示生产真实性	正龙村及其周边村落
人文历史保护发展模式	保护集中体现人文历史的建筑及其环境空间的完整性、典型性、真实性。严格管理历史保护建筑内生活的村民的行为活动，体现鲜活性	楼下村及其周边村落
活态体验保护发展模式	保护地域—村落—建筑一系列生产、生活场景的原始性、完整性，突出传统村落生态环境的自然体验感，完善自然村落生态建设，促进村落整体、立体发展	下团村及其周边村落
红色特色保护发展模式	保护红色特色印记、红色路线的完整性，保护红色遗址建筑的活态化，保护红色建筑文化，凸显特色有机发展，完善精神文化建设	上团村及其红色印记区域村落

6.4.2 定性分析与定量分析深度结合

定量分析是对村落保护发展的研究方法之一。随着对湘中梅山区域传统村落空间研究的深入，对这些复杂空间关系的进一步量化将极大促进传统村落空间的有效发展。本书依据"两观三性"理论，运用空间句法方法，对传统村落及其建筑空间进行定性与定量相结合的研究。研究深入传统村落空间本质，通过对村落、建筑及其景观等各种空间的定性描述，进行各种尺度空间的量化分析与研究。定性与定量相结合的方法可深入揭示出传统村落空间与自然、社会之间的复杂的结构关系。

梅山传统村落的居住建筑空间表现为住宅结构、家庭结构，公共建筑空间表现为公共活动功能与社会关系。这些关系用线段可表达出各种空间的可达性与亲疏关系，建立具几何拓扑特征的公共空间和格网空间，建立量化图形。其自然环境表现为各种尺度下各构成元素赖以形成空间的地形基础，用图底关系图式可以准确地定量表达，直观体现建筑与环境的复杂的集聚与疏远关系，以及区域空间秩序和组合特点。梅山传统村落中最有魅力的空间是体现传统精神的人文空间，它反映村民日常生活习俗、地域文化传统及神秘的"巫""道"文化，定性与定量研究对其复杂的传统空间场所精神营建尤显重要。

梅山传统村落空间内在的拓扑逻辑关系，与空间秩序形成了传统村落完整的结构体系。在对其进行定性与定量相结合的研究中，将首先确定三大基本变量，即连接度、整合度、穿行度，明晰各变量之间的关系。以正龙村为例，其集中布局构图所形成的整体道路连接度较好。以村落中心古戏台为节点，道路由此延伸至村落各处，如果它与各公共空间的节点数较多，且连接距离较均匀，表示其空间的渗透性好，连接度好。

6.4.3　局部空间重构

传统村落的保护离不开适应发展的更新与重构。湘中梅山区域传统村落空间为适应时代的发展，局部空间必然面临重构，对其局部空间重构的研究，应遵从传统村落的整体性发展与可持续发展的要求，积极表达传统村落的地域性、文化性与时代性特征。从宏观尺度到微观尺度循序渐进地展开，以村落整体空间、局域组团空间、建筑空间与景观空间等多尺度空间的有机协调为原则。研究梅山传统村落中局部空间重构，应注重地域性标志的"巫傩文化"与文化性标志的传统梯田农耕文化的融合，凸显各历史时期的思想观念、人文精神、道德规范，在整体保护传承的基础上进行局部空间的创造性重构。具体研究分别从四个层次进行探讨。①传统公共空间的重新认知：传统空间场所延续的独特价值和多元功能需要得到发掘和拓展。②居住空间的活态发展：应对传统村落空心化和老龄化问题，进行活态构建。③社会行为主导区域组团社区化：结合当代需求，从城乡融合发展的角度，优化村落内部生产、生活的生态空间。④完善传统村落时代性功能：优化传统村落发展功能布局，使资源环境相均衡、经济社会生态效益相统一，完善人与自然有机融合的空间关系（表6-4-2）。

湘中梅山区域传统村落空间重构 表6-4-2

研究层次	研究对象	内容
传统公共空间的重新认知	祠堂、戏楼、村委会、街巷、学校，以及部分特色公共空间、公共景观空间	从认知角度来看，尺度的大小、空间的秩序、传统的功能决定了空间的个体感知能力，从而逐渐形成对场所的理解。传统村落发展的经济因素和社会因素的共同作用改变了公共空间及其环境场所的尺度、秩序、功能，改变了传统的认知
居住空间的活态发展	传统居住建筑及村民生产、生活的局部小环境	传统村落的居住建筑承载了传统的家庭生活，对其空间的重构必须尊重原生态家庭结构、生活规律、特定的空间结构形式，通过空间活态化，深入构建新型聚居模式
社会行为主导区域组团社区化	多个功能与形态相近的单体建筑围合的小群体区域	传统村落的区域组团空间构建的基础是村民的生产、生活行为。类型相近的劳作生活区域构成共同的聚集场所，这种场所是熟悉而安全的，便于沟通、知晓彼此的行为方式，构建村落组团的社区化
完善传统村落时代性功能	传统村落整体	功能与形式是互相促进发展的关系，功能需求的改变必然使空间形式发生改变。当代社会的飞速发展给传统村落带来新的需求。完善功能也就是完善空间形态

6.5
梅山传统村落及其建筑空间发展实践

　　建筑是人类居住生存行为的载体，为人地关系的原始、本真的体现。在古代，修建房屋需要"看天道，勘地势"❶，传统营建方法上注重"水、风、土、气"❷，讲究山水相交之形与阴阳融凝之气并重。这些传统的营建理念在梅山区域历经千百年却依然传承，反映出湘中梅山区域建筑营建活动发展缓慢，也映射出传统村落生活的平静与封闭。科技的发展促使梅山传统村落的营建从理念到功能再到技术，都有不同以往的重大变化。以下将以

---

❶ 引自《黄帝宅经》。

❷ 引自《管氏地理指蒙》。

实践设计为例，探讨传统村落建筑空间、景观环境空间、当代营建技术三方面的发展。

6.5.1　面向适应性发展的公共建筑空间营建

本小节将以正龙村的三个设计方案为实例（正龙村展览中心设计、村民活动及产业孵化中心设计和正龙村小学改建）来探讨在传统村落公共建筑空间设计中，与周边自然环境、局域人文环境互动，从而营建特有的地域性、文化性与时代性场所精神的积极方法。正龙村整个村落集中位于梅山紫鹊界梯田区域的一处山坳里，全村两百多户，村落形态结构完整，与周围自然地形相得益彰，形成了一个较为完整的传统村落系统。其中的建筑空间比较规整集中，受山地地形地貌、气候环境及公共功能需要的影响较大。正龙村的公共建筑在空间布局上与山地、梯田、道路、溪水的关系处理得非常直接。正龙村交通非常闭塞，村里只有一条主要道路与村外相连，位于整个村落的山脚下。村路一边有村里唯一的一条小溪环绕，视线相对开阔。在这样的自然地形与现状环境的条件下，具体设计案例处理如图6-5-1～图6-5-3所示。

正龙村展览中心的方案选址于村落中紧邻主要村路的一处地段。该场地处于整个村落的较为中心的位置，周边等高线较密集，待建项目处在与周围山地环境紧密相连的一处较为平坦的基地上。考虑到该展览中心将接待村民及游客，特将建筑物主入口紧邻村中的主干道，方便公共建筑的集散与交流。同时，将展览中心与商业街之间的杂物场地进行清理，围合出一处内院，与村落纵深处的十八坊商业街进行呼应。该设计序列由公共空间过渡到私密空间，有组织地循序渐进。设计与周边原有建筑相呼应，通过功能、空间及造型等元素达到风格一致，同时加入现代建筑的处理手法，如入口半闭合处理、二层连廊的处理及空间内部功能的分区处理。该方案整体为正龙村传统的建筑形式，尽量与周围自然环境及传统建筑风格相协调统一。

正龙村村民活动及产业孵化中心选址于展览中心对面的开敞地段。该场地与主村路及河道相隔，脱离村落主干道以北的传统保护区域，因此，其设计限制较少。该方案尝试以现代设计手法为主，为传统村落带入一些时代的气息。建筑空间通透，共享空间较多，便于交流、洽谈。该设计突出功能性，平面形式规整，立面形式多元开放，空间灵活多变，旨在为现代化产业业务带来活力。

正龙村小学改建项目是以原有小学建筑及场地为基础的，改建为适应传统村落旅

游功能的游客服务中心。该方案沿用原有主体结构，改建部分内部空间以满足现代游
客服务中心的功能，其亮点是加建了尺度较大的院落空间，为游客带来舒适的活动、

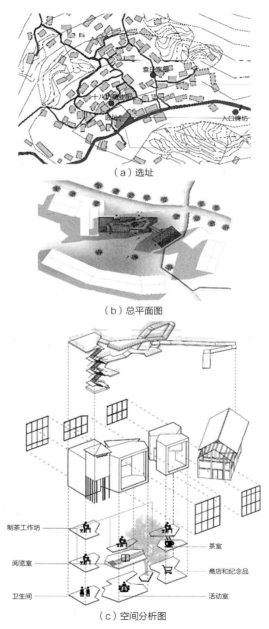

（a）选址

（b）总平面图

（c）空间分析图

图6-5-1　正龙村展览中心方案设计图

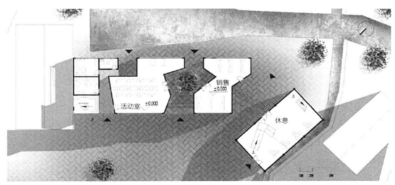

（d）首层平面

（e）北立面图

（f）剖面图

（g）透视图

图6-5-1　正龙村展览中心方案设计图（续）

交流的体验空间。该庭院将原有三处独立建筑进行有效关联，加强了空间的整体性。
建筑沿用传统建筑形式，加入部分具有现代性的轻钢、玻璃元素，展示内部骨架结构
的美，凸显出室内传统屋架的魅力，在保留传统造型的同时，融合现代元素，表达
"传统"与"现代"的融合之美。

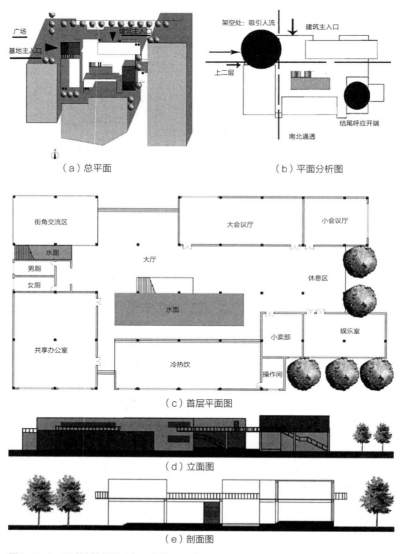

图6-5-2　正龙村村民活动及产业孵化中心方案设计图

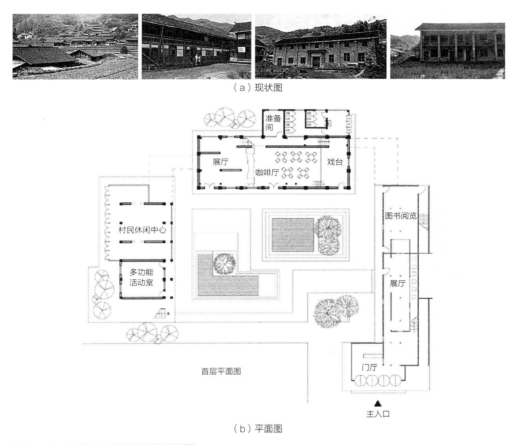

（a）现状图

（b）平面图

图6-5-3　正龙村小学改造方案设计图

6.5.2　面向时代性发展的居住建筑空间营建

居住建筑是梅山传统村落的主体，占整个村落建筑的70%以上。居住建筑集中体现了梅山地域的特点，受地形限制较大，变化较小，两百多年前的房屋与20世纪六七十年代的房屋主体造型区别不大。当今，这些传统村落中居住建筑的营建依然需要面对传统材料与施工技术的保护和传承，要应对当代社会时代性需求下的发展，以及其周边自然环境与社会环境的变迁、多元社会本土文化的变迁、外来科技信息技术的冲击、居住群体聚居观念的变化等，传统村落居住建筑空间的形式也更加多元化。

为了更加深入地分析、探讨梅山传统村落居住建筑在自然、社会、人文环境的发展变迁背景下的营建策略，本小节选取正龙村一处两百多年老宅旁的新建项目为例（图6-5-4）。老宅子建于两百多年前，为正龙村现存最老的房子。建筑原是L形，由于年久失修，许多地方已经破旧不堪，无法居住。20世纪70年代屋主曾翻修了一部分，到了现在，屋主人决定在宅基地老房子边新建一处住房，以满足两个儿子结婚之用，父母仍住老屋。根据功能需求，新旧住宅围合布置成U形，将两百多年的祖屋置于围合的庭院之中，没有具体的居住功能，只作纪念性景观处理，传承意义凸显。新

图6-5-4　正龙村一处自建住宅单体图组

建住宅由堂屋分成对称的两部分，有独立楼梯、卫生间、厨房等，用以满足年轻夫妇独立生活所需。在传统村落的居住建筑中，卫生条件的改善成为村民改建原有传统住宅的重要需求。在新建住宅中，卫生间、厨房往往独立于主体建筑，采用混凝土结构，防水防潮、易于打扫。两处楼梯间置于主体内核心位置，这与传统建筑处理方法不同，体现出年轻一代的观念变化。楼梯间也采用钢筋混凝土结构，主体建筑仍采用木材且为传统的卯榫结构。

在梅山传统村落的设计实践中，我们加入现代建筑设计理念，对传统住宅空间进行现代时空切入的尝试，如图6-5-5所示。在上团村一处基地中，空置的废旧住宅较多，布局较集中，我们尝试打造一处箱形小住宅集群，以满足接待外来游客的需求。基于传统村落原生态的自然环境并结合人体行为学的理念，设计师探索在传统住宅中引入1.2m、2.4m、3.6m模数的"盒子"进行住宅的嵌入式设计，体量小巧的盒子自由组合，并外引入当下信息学的共享空间理念，将当代的时空因素带入传统乡村中，

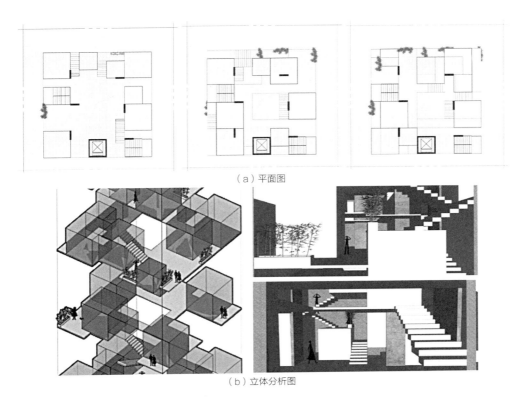

（a）平面图

（b）立体分析图

图6-5-5　上团村模块化民居设计图

共享室外乡村美好的自然环境，共享现代建筑创造的科学的室内空间。这样的设计既能满足外来游客的生活所需，又能兼顾当地年轻人的新生活态度，让传统村落的建筑具有当代的活力。

另外一处基地选取了上团村一处废弃厂房所在地。厂房单独位于一处较平坦地块，已经废弃多年，为红砖结构。原有结构可利用，并能改建为一处专供旅游观光、写生实习、休闲小住的中等规模的民宿。该设计可满足上团村以旅游带动多元经济发展的要求，因地制宜地处理废旧工厂，积极构建居住建筑空间的多元化，助力上团村人气值（图6-5-6）。

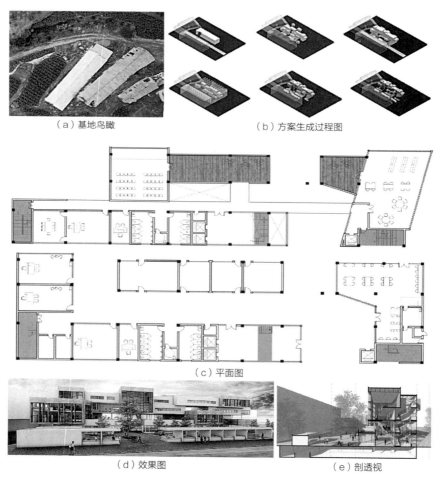

（a）基地鸟瞰　　　　　　　　　　（b）方案生成过程图

（c）平面图

（d）效果图　　　　　　　　　　（e）剖透视

图6-5-6　上团村废弃厂房改建民宿设计图

6.5.3　面向地域文化性发展的景观空间营建

　　梅山传统村落的景观空间是整体村落空间的重要组成部分，一般由自然环境景观、传统建筑景观、村落人文环境景观等构成。其发展表现为人地关系、人地资源、人居环境三方面相互协调的可持续发展。据统计，2015年全国生态系统破坏区域占全国陆地国土空间的55%，在这样的大环境下，传统村落的景观也面临生态破坏与空间被蚕食的窘境。因此，梅山传统村落景观空间的发展，需要在空间尺度与时间序列上适应环境的巨大变迁。

　　村落景观空间的发展是由外因与内因共同促进的，且内部村民活动与外部游客活动直接影响了景观空间构成中环境、土地与人的根本关系。根据在湘中梅山传统村落的实地调研，基于地域文化差异、经济活动方式及精神诉求功能的不同，可以归纳为三种景观发展路线：以宗族祭祀活动为代表的精神文化路线、以经济生产生活为目的的世俗文化路线、以游客为代表的新兴文化路线。精神文化路线形成的文化景观空间是当地人的情结所在；世俗文化路线是乡土气息最为浓烈的精神基础；新兴文化路线则是新型文化发展的产物，也是传统村落景观空间发展建设的重要路线。这三种典型发展路线的融合形成多元化、多层次的景观框架，如图6-5-7所示。湘中梅山区域传统村落景观传承了地域文化、传达了自然田园性，实现了传统村落景观的时代性发展。

　　基于前述发展路线的指导，梅山传统村落在挖掘传统村落自然景观潜力的同时，需要对社会人文景观进行深层次的诠释和开发，例如：可以开发人造景观空间作为对

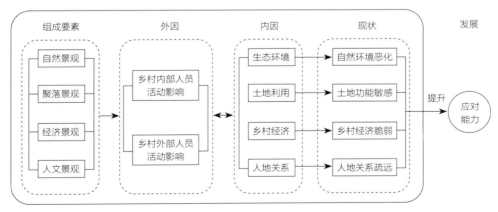

图6-5-7　传统村落景观发展框架图

自然景观的有利补充；积极构建传统村落不同历史时期的生产活动场景；对传统社会经济器物进行分类展示，包括碾盘、椅凳、化妆镜、招贴画、纺织机、犁耙等；整饬、修复部分无人居住的宅院，还原以前家庭的生活空间，活化传统生活真实性。这些景观空间把点状的传统文化空间按叙事的方式串联起来，连接了无形的非物质文化和有形的物质文化，是时间与空间相融合的实景展现，以其有识别性、代表性的传统景观空间，促进传统村落地域文化的传播发展。

6.5.4　面向技术革新的传统营建技术传承

梅山区域传统村落在建筑营建方面凸显了传统建造的高超技艺，而且具有浓郁的地域特色，是地域性与文化性高度融合的体现。梅山地区的传统营建技术除了各种工艺等在营造中的运用，还包括遵循祖制使用传统工具与传统地方材料，土木砖石瓦"五材并用，百堵皆兴"❶。梅山地区的传统建筑材料多为可就地取材的木材、土材、茅草、石材等。至"开梅山"以后，砖瓦等制作程序更复杂的材料也逐渐被应用到当地较为重要的建筑之中。随着时间的推移，人们认识到部分建筑材料的获取和制作对自然环境有较大破坏，传统建筑材料相比于现代建筑材料也有许多不足之处，因此，传统材料及其制作、使用的改进发展是不可避免的。

以梅山当地建筑中重要木质构件的做法为例。木材的应用是梅山区域民间传统营建的重要方法之一，建筑中大量的木质构件是图腾崇拜与自然崇拜等思想的主要载体。但木材自古就有许多功能性缺陷。清华大学朱小平总结了传统木建筑的三大缺点：收缩变形较大，材料极易腐朽、稳定性不够，易燃。采用现代技术处理手段，可以迅速使木材干燥，减小变形；将水溶性防腐剂加压处理，渗入木材内部可以增强其防腐性；采用加压渗入与表面涂覆防火剂两种方法可以提高防火性能。传统技艺结合当代先进的技术手段，将改进传统建筑营建技术的不足，使其更具有发展前景。

虽然传统材料和技艺均有不足，但其仍然有闪光点，是值得保护与传承的。梁思成先生在《古建序论》中就强调了"我们要保存过去时代里所创造的一些建筑物"。梅山传统村落中宗祠、戏台等的建造，以及许多建筑构件均有独到之处。例如，下团

---

❶ 引自北宋李诫所著《营造法式》。

村位于家族宗祠中的戏台在声环境的营造上具有独特的手法，以戏台上部的藻井优化声音的传播，其宗祠的封闭式空间可以有效减少声音的衰减，特别是祭堂大厅的回形空间可作为大型的混响空间以扩大音量。此外，梅山地区许多装饰性建筑构件的组合形式也具有较高的审美价值，如屋架的穿斗式构成、三合土的堆砌规则等。梅山地区传统文化具有古朴拙实的气质，如采用清水混凝土、麻石，以及颜色朴素的砌块、青瓦、木材等（图6-5-8）。这些处理手法传达了强烈的"梅山蛮"传统文化特征，其营建的场所空间的地域性、归属性、识别性都极为显著，这样才能留得住家乡的味道。对传统的保护与传承也是发展的一部分。

图6-5-8　梅山传统村落中传统营建材料分析图

第 7 章

结论

7.1
总结

　　"梅山文化"影响下的传统村落及其建筑空间的保护与发展的研究，是积极探索特定地域环境下的传统村落的聚居问题。本书基于大量实地调研的测绘数据，以及对该地域传统村落的历史演变及现状特征的分析研究，对梅山区域的传统村落及建筑与所处自然生态、社会人文环境之间复杂的空间关系，以及空间的发生、演变、发展机理进行了整体、全面、系统的研究。

　　首先，从宏观角度依据"两观三性"理论，积极探索梅山区域传统村落空间的地域性、文化性与时代性，及其形成原因、演变的驱动因素及演变趋势。结合中国传统风水理论及空间句法论，梳理这一区域传统村落空间形成、变化、发展的空间机理，并研究空间形态、空间结构形式、空间逻辑关系的客观规律。同时，对传统村落空间进行针对性的空间评测，如核心空间位置、建筑密度、规模、边界形态及空间结构效率等。其次，从微观角度入手，研究建筑空间与景观空间在保护与发展过程中的地域性、文化性、时代性的规划、设计与营建方法。该部分主要从传统村落公共空间、居住空间与景观空间三大方面展开研究，依据大量实测空间数据资料，探究其空间解析、传统场所精神营建的多元表达。湘中梅山区域传统村落有着得天独厚的自然环境，历史悠久的生产、生活模式及多民族、多流派融合的文化景观。最后，研究湘中梅山区域传统村落及其建筑空间的创新发展。传统村落的发展是时代的要求，其研究以传统空间的保护、传承为基础，为传统村落建设提供科学理论依据和精准量化的方法，实现传统村落的可持续发展（图7-1-1）。

　　研究始终贯彻并探索创建人、建筑与自然和谐共生的人居环境，实现中国特色乡村振兴可持续发展目标，结合实测数据、实际案例分析，以及与应用对策研究相结合的综合集成方法，逐步深化传统村落及其建筑空间的研究。理论联系实践，促进传统村落自然景观与建筑景观的生态化、体验式的融合，生活景观活态化的真实性体现，以及文化景观的多元性。

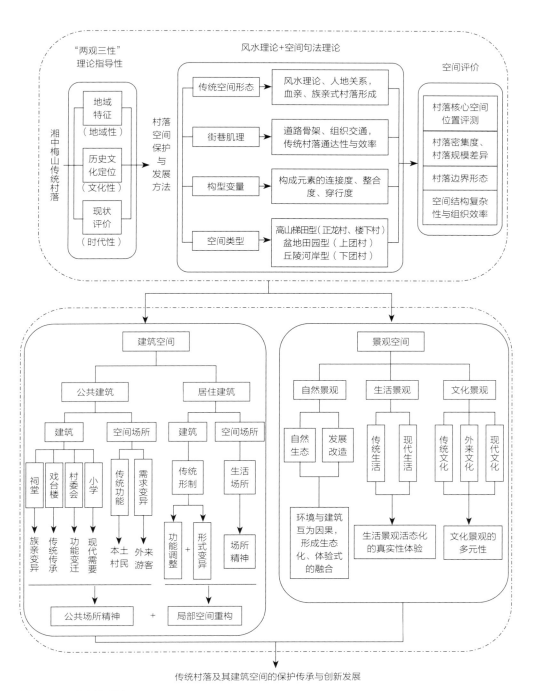

图7-1-1　研究体系图

7.2
展望

　　本书采用理论研究与实践研究相结合的方法，探索"梅山文化"影响下的湘中梅山区域传统村落及其建筑空间的传统保护与当代发展的问题。在对当地传统村落进行了大量现场数据的实测、分析、研究工作后，取得了阶段性的研究成果，但也有局限性，后续可以跟进研究的方面有以下几点。

　　其一，对梅山区域现有传统村落进行的关于村落分布、形态、环境等整体情况的图形、数据、资料收集工作需继续推进。笔者十年来对该地域范围内的传统村落进行了长期的分批调研，以绘制简图和照片记录的方式，调研村落环境、走访村民、查阅族谱、手绘单体平面、构架，获取一手资料；对于形态完整、保存较好、规模可观的传统聚落及民居，进行大规模定点测绘；运用现代信息技术手段全面、完整地测绘出聚落总体布局和生态环境的实际状况。在此过程中大量采访当地村民、村政府及木工师傅，记录传统村落生活场景，收集历史、人文、习俗、信仰、碑刻、营建忌讳等全方位的信息。同时，结合人居环境学、社会学、人文地理学、区域经济学、生态学等多学科进行交叉研究。今后，一方面要把前期调研、测绘的资料进行归纳整理，分区域、分类型；另一方面，仍需要搜集并整理相关的文献资料，以点带面，促进类似传统村落现状数据的更新发展。

　　其二，后续研究仍需结合运用更广泛的研究方法，开拓研究的思路，对传统村落各尺度空间形态、秩序、肌理进行定性与定量的深度研究，运用系统论方法研究传统村落建筑空间的结构、功能、数据图形支撑，以及历史成因、景观构成、空间尺度等，探讨人口移动、环境变化、社会行为等发展背景，以整体、连续的而不是单一的关系分析村民的行为方式，积极应对当代信息化发展背景下，传统介质异化导致的传统村落空间保护与发展的复杂性问题等。

　　其三，针对湘中梅山区域传统村落空间的研究仍可以在理论研究的基础上进一步展开。如进行大量数据测绘、空间参数测定、二维和三维图形的绘制、空间数据分析及可视化分析，对传统村落、建筑、景观空间形态进行几何关系抽象并绘图与建模，深入探索空间的内在联系，对比研究传统村落发展的深层机制，探讨传统村落空间场所精神。但传统村落及其建筑空间的时代性发展仍在继续，对其的研究也将继续。研究旨在构建具有可持续发展潜力的传统村落空间，研究成果能坚定广大村民加快自身发展的信心和决心。该研究将处理村落公共空间、居住空间及景观空间的综合而复杂的空间关系，积极改善空间及其环境的合理性、有效性、生态性。积极改善原住居民的生活条件，提高生活质量，积极有效地提高土地利用率，节约原住居民的资金投入，促进传统村落建筑与环境高效、有机地融合。

"社会主义新农村建设"的基本宗旨是"生产发展、生活宽裕、村容整洁、乡风文明、管理民主"，这也是对传统村落生产生活模式、空间结构形态、景观格局、经营管理形式及文化习俗传承全面发展的要求。湘中梅山区域传统村落的区域优势、环境优势、发展前景及国家政策的导向都决定了传统村落空间将成为未来湘中建设开发的热点资源地带，实现创建传统村落特色保护与发展区域，建设具有特色的传统村落空间，构建城、镇、传统村落三位一体的和谐社会的目标。

参考文献

［1］ 周莉华. 何镜堂建筑人生［M］. 广州：华南理工大学出版社，2010.

［2］ 何镜堂. 基于"两观三性"的建筑创作理论与实践［J］. 华南理工大学学报（自然科学版），2012，40（10）：12-19.

［3］ 郦伟. 概念重构、话语建构和结构化：何镜堂"两观三性"建筑理论的创新性研究［J］. 惠州学院学报，2017，37（3）：96-102.

［4］ 郦伟，唐孝祥. 何镜堂"两观三性"建筑论的发展历程、哲学基础和价值取向［J］. 南方建筑，2014（1）：80-83.

［5］ 程曲杨，陈向. 传统衍生 时代兼容——解读何镜堂的"两观三性"［J］. 中外建筑，2012（6）：27-28.

［6］ 郦伟，唐孝祥.何镜堂"两观三性"建筑理论整体性研究的理论视野与逻辑框架［J］. 南方建筑，2015（1）：84-88.

［7］ 何镜堂，王扬，李天世，等. 基于"两观三性"理念的地域文化建筑设计营造——烟台文化中心规划与建筑设计［J］. 建筑学报，2010（4）：62-66.

［8］ 何镜堂工作室. "两观三性"体系中的文化建筑创作［J］. 城市建筑，2009（9）：92-101.

［9］ 陈纵，夏大为，盘育丹，等. 从批判性地域主义到"两观三性"——浅论适合当代中国国情的地域性建筑设计策略［J］. 华中建筑，2019，37（11）：4-9.

［10］ 陈志华，李秋香. 中国乡土建筑初探［M］. 北京：清华大学出版社，2012.

［11］ 胡彬彬. 我国传统村落及其文化遗存现状与保护思考［N］. 光明日报，2012-01-15（7）.

［12］ 克里斯蒂安·诺伯格-舒尔茨. 场所精神：迈向建筑现象学［M］. 施植明，译. 武汉：华中科技大学出版社，2019.

［13］ 林超. 聚落分类之讨论［J］. 地理，1938，6（1）：17-18.

［14］ 严钦尚. 西康居住地理［J］. 地理学报，1939，6（1）：43-58.

［15］ 陈述彭，杨利普. 遵义附近之聚落［J］. 地理学报，1943，10（10）：69-81.

［16］ 曾卫，朱雯雯. 传统村落空间营建的生态思想及智慧内涵［J］. 小城镇建设，2018，36（10）：79-84，91.

［17］ 段丽彬. 川西高原藏羌碉房绿色营建的模式语言研究［D］. 绵阳：西南科技大学，2019.

［18］ 史靖塬. 重庆乡村人居环境规划的生态适应性研究［D］. 重庆：重庆大学，2018.

［19］ 燕宁娜. 宁夏西海固回族聚落营建及发展策略研究［D］. 西安：西安建筑科技大学，2015.

［20］ 许娟. 秦巴山区乡村聚落规划与建设策略研究［D］. 西安：西安建筑科技大学，2011.

［21］ 梁锐. 西北生态民居评价研究［D］. 西安：西安建筑科技大学，2011.

［22］ 王芳. 云南多民族混居区民居建筑更新模式研究［D］. 西安：西安建筑科技大学，2012.

［23］ 韦娜. 西部山地乡村建筑外环境营建策略研究［D］. 西安：西安建筑科技大学，2012.

［24］ 刘京华. 陇东地区生态农宅适宜营建策略及设计模式研究［D］. 西安：西安建筑科技大学，2013.

［25］ 于洋. 城镇化进程中黄土沟壑区基层村绿色消解模式与对策研究［D］. 西安：西安建筑科技大学，2014.

［26］ 赵晓梅. 黔东南六洞地区侗寨乡土聚落建筑空间文化表达研究［D］. 北京：清华大学，2012.

［27］ 王天赋. 国外生态村生态景观营造［D］. 天津：天津大学，2015.

［28］ 冯骥才. 传统村落类遗产的困境与出路［N］. 人民日报，2012-12-07（24）.

［29］ 刘沛林，刘春腊，邓运员，等. 中国传统聚落景观区划及景观基因识别要素研究［J］. 地理学报，2010，65（12）：1496-1506.

［30］ 汪丽君，舒平，宋昆. 类型学建筑［M］. 天津：天津大学出版社，2004.

［31］ 辞海编辑委员会. 辞海［M］. 上海：上海辞书出版社，1979.

［32］ 克里斯蒂安·诺伯格-舒尔茨. 存在、空间与建筑［M］.尹培桐，译. 北京：中国建筑工业出版社，1990.

［33］ 新化县志编辑委员会. 新化县志［M］. 长沙：湖南出版社，1996.

［34］ 梁漱溟. 乡村建设理论［M］. 上海：上海人民出版社，2006.

［35］ 费孝通. 江村经济［M］. 戴可景，译. 南京：江苏人民出版社，1986.

［36］ 费孝通. 乡土中国［M］. 上海：上海人民出版社，2007.

［37］ 秦红增. 乡土变迁与重塑：文化农民与民族地区和谐乡村建设研究［M］. 北京：商务印书馆，2012.

［38］ 邹德慈. 城市规划导论［M］. 北京：中国建筑工业出版社，2002.

［39］ 布鲁诺·赛维. 建筑空间论：如何品评建筑［M］. 张似赞，译. 北京：中国建筑工业出版社，2006.

［40］ HILLIER B, HANSON J. The social logic of space［M］. Cambridge, New York: Cambridge University Press, 1984.

［41］ 杨滔. 空间网络的价值：多尺度的空间句法［M］. 北京：中国建筑工业出版社，2019.

［42］ BAFNA S. Space syntax: A brief introduction to its logic and analytical techniques［J］. Environment and Behavior, 2003, 35（1）:17-29.

［43］ 段进. 城镇空间解析：太湖流域古镇空间结构与形态［M］. 北京：中国建筑工业出版社，2002.

[44] 段进，揭明浩. 世界文化遗产宏村古村落空间解析［M］. 南京：东南大学出版社，2009.

[45] 张愚，王建国. 再论"空间句法"［J］. 建筑师，2004（3）：33-44.

[46] 比尔·希列尔. 空间是机器：建筑组构理论［M］. 杨滔，张佶，王晓京，译. 北京：中国建筑工业出版社，2008.

[47] HILLIER B, PENN A, HANSON J. Natural movement: or, configuration and attraction in urban pedestrian movement［J］. Environment and Planning B: Planning and Design, 1993, 20（1）：29-66.

[48] 陈治邦，陈宇莹. 建筑形态学［M］. 北京：中国建筑工业出版社，2006.

[49] 格兰特·W. 里德. 园林景观设计：从概念到形式［M］. 陈建业，赵寅，译. 北京：中国建筑工业出版社，2004.

[50] 凯文·林奇. 城市形态［M］. 林庆怡，译. 北京：华夏出版社，2003.

[51] 凯文·林奇. 城市意象［M］. 林庆怡，译. 北京：华夏出版社，2001.

[52] 克里斯蒂安·诺伯格-舒尔茨. 居住的概念：走向图形建筑［M］. 黄士钧，译. 北京：中国建筑工业出版社，2012.

[53] 長島明夫. 建筑家·坂本一成的世界［M］. Tokyo: LIXIL Publishing, 2016.

[54] 郭屹民. 建筑的诗学：对话坂本一成的思考［M］. 南京：东南大学出版社，2011.

[55] 坂本一成. 建筑构成学：建筑设计的方法［M］. 陆少波，译. 上海：同济大学出版社，2018.

[56] 克里斯蒂安·诺伯格-舒尔茨. 建筑：存在、语言和场所［M］. 刘念雄，吴梦姗，译. 北京：中国建筑工业出版社，2013.

[57] 克里斯蒂安·诺伯格-舒尔茨. 建筑——意义和场所［M］. 黄士钧，译. 北京：中国建筑工业出版社，2018.

[58] 胡塞尔. 纯粹现象学通论［M］. 李幼蒸，译. 北京：中国人民大学出版社，2004.

[59] 隈研吾. 场所原论：建筑如何与场所契合［M］. 李晋琦，译. 武汉：华中科技大学出版社，2017.

[60] 朱丹，朱小平. 中国建筑艺术简史［M］. 北京：清华大学出版社，2015.

[61] 朱蕙婷，廖再毅，吴永发. 历史遗产建筑保护与更新平衡策略研究——以加拿大于人村主街历史遗产建筑为例［J］. 建筑学报，2014（4）：107-112.

[62] 贺妍，马琰，雷振东. 田园综合体演生与发展脉络解析［J］. 南方建筑，2018（5）：41-48.

[63] 岳俞余，彭震伟. 乡村聚落社会生态系统的韧性发展研究［J］. 南方建筑，2018（5）：4-9.

[64] 杨贵庆，开欣，宋代军，等. 探索传统村落活态再生之道——浙江黄岩乌岩头古村实践为例［J］. 南方建筑，2018（5）：49-55.

［65］ 西村幸夫. 再造魅力故乡：日本传统街区重生故事［M］. 王惠君，译. 北京：清华大学出版社，2007.

［66］ 麦克哈格. 设计结合自然［M］. 芮经纬，译. 天津：天津大学出版社，2006.

［67］ 梁思成. 中国建筑史［M］. 天津：百花文艺出版社，2005.

［68］ 段进，比尔·希列尔. 空间句法在中国［M］. 南京：东南大学出版社，2015.

［69］ 马铁鹰. "三峒梅山"概述［J］. 邵阳学院学报（社会科学版），2004，23（4）：21-23.

［70］ 麻勇斌. 湖南梅山原生宗教文化浅析［J］. 贵州师范大学学报（社会科学版），2012（6）：63-67.

［71］ 曾维君. 简论梅山历史与文化的发展过程及其特征［J］. 湖南工业大学学报（社会科学版），2008，13（3）：53-56.

［72］ 刘益曦，王宁，王雅娜，等. 基于空间句法的传统村落保护与传承优化策略研究——以永嘉芙蓉村为例［J］. 天津大学学报（社会科学版），2020，22（3）：275-281.

［73］ 马庚，王东. 空间句法下传统村落空间传承及保护的量化评判——以"古苗疆走廊"报京村为例［J］. 小城镇建设，2019，37（5）：75-81.

［74］ 徐德良，顾志兴，沈天舒. 古村落街巷空间解构与整合机制的句法探究［J］. 山西建筑，2015（34）：32-33，34.

［75］ 赵颖. 建筑选址与风水文化［J］. 建筑与文化，2007（3）：82-83.

［76］ 李红伟. 浅谈建筑选址与风水文化［J］. 建筑·建材·装饰，2019（23）：156，159.

［77］ 阳曼. 娄底市下团古村落空间格局保护与发展研究［D］. 长沙：湖南大学，2015.

［78］ 王镕，闫浩文，周亮，等. 中国历史文化名镇名村的空间分布特征及驱动因素分析［J］. 兰州交通大学学报，2019，38（6）：108-114.

［79］ 冯剑闽. 中国山地聚落与建筑空间形态研究——以"中国传统村落"永安市吉山村为个案［D］. 南京：东南大学，2015.

［80］ 张建荣. 庐陵传统村落空间形态研究［D］. 武汉：武汉大学，2019.

［81］ 林志森. 基于社区结构的传统聚落形态研究［D］. 天津：天津大学，2009.

［82］ 李立. 乡村聚落：形态、类型与演变——以江南地区为例［M］. 南京：东南大学出版社，2007.

［83］ 肖彦，米扬. 我国少数民族传统乡村聚落空间形态研究综述［J］. 建筑与文化2020（1）：72-73.

［84］ 张大玉. 北京古村落空间解析及应用研究［D］. 天津：天津大学，2014.

［85］ 浦欣成，黄铃斌. 国内传统乡村聚落公共空间形态研究综述［J］. 建筑与文化，2019（12）：28-30.

［86］ 王倩. 基于人居环境视角的传统村落空间形态研究［J］. 建筑与文化，2019（8）：69-70.

［87］洪涛，张飞，李星星. 传统村落建筑单元的场所精神重塑——以安徽省休宁县三槐堂
　　　　为例［J］. 合肥学院学报（综合版），2019，36（4）：53-57.

［88］袁媛，方群莉，叶建伟. 从"场所精神"解读传统街巷对步行街设计启示——以徽州
　　　　古村落为例［J］. 安徽建筑，2019，26（10）：62-64.

［89］刘源. 快速城市化过程中徽州古村落文化变迁机制研究［D］. 南京：东南大学，2018.

［90］朱启臻，赵晨鸣，龚春明. 留住美丽乡村——乡村的存在价值［M］. 北京：北京大学
　　　　出版社，2014.

［91］李晓峰. 乡土建筑：跨学科研究理论与方法［M］. 北京：中国建筑工业出版社，2005.

［92］胡最，郑文武，刘沛林. 湖南省传统聚落景观基因组图谱的空间形态与结构特征［J］.
　　　　地理学报2018，73（2）：317-332.

［93］邹阳. 梅山地区历史文化景观适应性再现［D］. 长沙：湖南大学，2012.

［94］周亚迪，张万荣. 传统村落空间景观整合与研究［J］. 山西建筑：2019，45（15）：
　　　　15-16.

［95］孙大章. 中国民居研究［M］. 北京：中国建筑工业出版社，2004.

［96］吴良镛. 人居环境科学导论［M］. 北京：中国建筑工业出版社，2001.

［97］吕轶楠，林祖锐，韩刘伟. 豫南地区传统村落空间格局与建筑特色分析——以毛铺村
　　　　为例［J］. 中外建筑，2019（6）：170-173.

［98］刘方舟，柳肃. 湖南新化正龙村民居建筑浅析［J］. 中外建筑，2013（3）：60-63.

［99］吴庆洲. 中国客家建筑与文化（上、下）［M］. 武汉：湖北教育出版社，2008.

［100］邓巍，胡海艳，杨瑞鑫，等. 传统乡村聚落空间的双构特征及保护启示［J］. 城市规划
　　　　学刊，2019（6）：101-106.

［101］刘沛林. 古村落：和谐的人聚空间［M］. 上海：三联书店，1997.

［102］周道玮，盛连喜，吴正方，等. 乡村生态学概论［J］. 应用生态学报，1999，10（3）：
　　　　369-372.

［103］陈勇. 国内外乡村聚落生态研究［J］. 农村生态环境，2005，21（3）：58-61，66.

［104］李贺楠. 中国古代农村聚落区域分布与形态变迁规律性研究［D］. 天津：天津大学，
　　　　2006.

［105］董艳芳，杜白操，薛玉峰. 我国历史文化名镇（村）评选与保护［J］. 建筑学报，2006
　　　　（5）：12-14.

［106］戴彦，戴乐乐，黄金静. 我国历史文化村镇保护的研究综述［J］. 城市规划学刊，2019
　　　　（2）：68-74.

［107］李允鉌. 华夏意匠：中国古典建筑设计原理分析［M］. 香港：香港广角镜出版社，
　　　　1984.

［108］李欣原，韦文俊，刘丽荣，等. 传统村落建筑空间的文化折射与表达——以漓江风景

名胜区周边传统村落为例［J］. 桂林理工大学学报，2019，39（1）：82-93.

［109］刘正瑜. 基于图腾文化的传统村落保护与延续探究［J］. 山西建筑，2020，46（12）：17-19.

［110］杨福泉. 论传统村落保护发展的问题与路径——以云南丽江的几个传统村落为例［J］. 云南师范大学学报（哲学社会科学版），2019，51（5）：85-93.

［111］陈喆，傅岳峰. 长城保护与周边村落更新［J］. 建筑学报，2005（7）：21-23.

［112］孙应魁，翟斌庆. 人类聚居演变视角下的传统村落保护与更新研究——基于新疆的案例［J］. 西北大学学报（自然科学版），2018，48（6）：875-883.

［113］卢福营，鲁晨阳. 村落特色文化保护与开发的策略选择—基于浙江省江山市清漾村的调查［J］. 杭州师范大学学报（社会科学版），2019，41（4）：104-111.

［114］张斌. 乡村振兴语境下的乡村景观保护策略思考［J］. 南方建筑，2018（3）：66-70.

［115］曹倩颖. 基于乡村美学的历史文化村镇景观整体性保护框架研究［J］. 建筑与文化，2020（3）：36-37.

［116］席丽莎. 基于人类聚居学理论的京西传统村落研究［D］. 天津：天津大学，2013.

［117］邢伟. 城市规划中的文化遗产及历史建筑保护研究［J］. 城镇建设，2020（1）：26，109.

［118］朱良文. 乡村振兴战略下的传统村落再思考［J］. 南方建筑，2020（2）：62-67.

［119］李伯华，郑始年，窦银娣，等. "双修"视角下传统村落人居环境转型发展模式研究——以湖南省2个典型村为例［J］. 地理科学进展，2019，38（9）：1412-1423.

［120］魏唯一. 陕西传统村落保护研究［D］. 西安：西北大学，2019.

［121］GILMAN R，The eco-village challenge［J］. Living Together，1991（2）：10-11.

［122］TAKEUCHI K，NAMIKI Y，TANAKA H. Designing eco-villages for revitalizing Japanese rural area［J］. Ecological Engineering，1998，11（1）：177-197.

［123］傅伯杰，陈利顶，马克明，等. 景观生态学原理及应用［M］. 北京：科学出版社，2001.

［124］高茜. 师家沟古村落人居环境营造探析［J］. 西安科技大学学报，2013，33（4）：490-493.

［125］张松. 基于人居形式的传统村落及其整体性保护［J］. 城市规划学刊，2017（2）：44-49.

［126］ZHANG G，YANG H Z. PROTECTIVE RENOVATION AND CULTURAL INHERITANCE OF ANCIENT VILLAGES-A CASE STUDY OF Hanjiaxiang VILLAGE in Chenggu COUNTY，Shaanxi PROVINCE of China［J］. Journal of Landscape Research，2012（5）：45-50,53.

［127］Indera Syahrul Mat Radzuan，Song Inho，Yahaya Ahmad. A rethink of the incentives programme in the conservation of South Korea's historic villages［J］. Journal of Cultural Heritage Management and Sustainable Development，2015，5（2）：176-201.

［128］常晓舟，石培基. 西北历史文化名城持续发展之比较研究——以西北4座绿洲型国家级历史文化名城为例［J］. 城市规划，2003，27（12）：60-65.

［129］李娜. 历史文化名城保护及综合评价的AHP模型［J］. 基建优化，2001，22（1）：46-47，50.

［130］赵勇，张捷，李娜，等. 历史文化村镇保护评价体系及方法研究——以中国首批历史文化名镇（村）为例［J］. 地理科学，2006，26（4）：497-505.

［131］汪清蓉，李凡. 基于模糊综合评判法的我国历史文化名村（镇）综合价值评价研究［J］. 中国绿色经济，2006（10）：84-88.

［132］赵勇，张捷，李娜，等. 历史文化村镇评价指标体系的再研究——以第二批中国历史文化名镇（名村）为例［J］. 建筑学报，2008（3）：64-69.

［133］田燕，孙小虎，余东航. 随州历史文化名镇建筑文化遗产保护探析——以安居古镇为例［J］. 华中建筑，2018，36（1）：123-127.

［134］朱晓明. 试论古村落的评价标准［J］. 古建园林技术，2001（4）：53-55，28.

［135］朱光亚，方道，雷晓鸿. 建筑遗产评估的一次探索［J］. 新建筑，1998（2）：23-25.

［136］查群. 建筑遗产的可利用性评估［J］. 建筑学报，2000，25（11）：47.

［137］周吉平，申韶飞. 传统村落的定量分析与保护修缮——以中国传统村落山西省晋中市冷泉古寨村为例［J］. 建筑与文化，2019（6）：77-78.

［138］梁雪春，达庆利，朱光亚. 我国城乡历史地段综合价值的模糊综合评判［J］. 东南大学学报（哲学社会科学版），2002，4（2）：44-46.

［139］邹君，刘媛，谭芳慧，等. 传统村落景观脆弱性及其定量评价——以湖南省新田县为例［J］. 地理科学，2018，38（8）：1292-1300.

［140］潘冽. 广西传统村落及建筑空间传承与更新研究［D］. 重庆：重庆大学，2018.

［141］李竹，刘晶晶，王嘉峻. 乡村振兴下的村落公共空间重塑——以李巷老建筑改造为例［J］. 建筑学报，2018（12）：10-19.

［142］龙花楼，屠爽爽. 乡村重构的理论认知［J］. 地理科学进展，2018，37（5）：581-590.

后记

　　传统村落是在丰富的历史文化与自然资源条件下，人与乡村环境之间建立的一种空间关系。在中国，传统村落是农耕文明的重要遗产，体现了传统场所精神及文化景观。传统村落建筑与环境建立了极具历史信息的复杂人地关系，且形成了拥有传统认同感、归属感的场所空间。本书选取湘中梅山区域收录在"中国传统村落名录"的传统村落进行主体研究，在大量的田野调查、实地测绘、现状数据分析等工作的基础上，综合湘中梅山传统村落形成、发展过程中的自然环境、历史文化、社会生活等复杂因素，运用何镜堂院士的"两观三性"理论，从宏观到微观，理论联系实践，系统研究了在"梅山文化"影响下，在整体观与可持续发展观指导下，湘中传统村落及其建筑空间的地域性、文化性、时代性的保护、传承与发展的问题。

　　本书是在我的博士学位论文基础上完成的。自2013年来到华南理工大学建筑学院进行博士研究生的学习以来，我深深地感受到了老师们教学与同学们求学的热忱。衷心感谢恩师何镜堂院士与汤朝晖研究员的悉心教导。七年来，老师们言传身教，授业解惑，教会我的不仅是建筑设计之理，更是为人处事之道。他们忘我的工作热情、积极的人生追求、乐观的生活态度，每每想起都令我钦佩不已。求学于何老师与汤老师的经历是我人生的财富，学生必将带着感恩之心前行，用心做事、踏实做人，但求不负师恩。特别感谢师母李绮霞老师对我的谆谆教导，在求学路上，她给予我专业上的大力帮助与生活中的温暖关怀。

　　感谢家人长期默默地支持与辛苦付出，无以言表，唯有励志前行。感谢华南理工大学建筑学院彭长歆院长、陆琦教授、郭昊栩教授，广州市设计院总建筑师杨焰文教授级高工，北京市建筑设计研究院深圳院黄捷院长，给予我许多宝贵的意见。感谢华南理工大学建筑设计研究院倪阳院长、已故的陶郅教授，以及杨小川研究员、张健副研究员、黄国楠秘书和所有的同事、同仁、同学，为本书的顺利出版给予无私帮助。感谢湖南省新化县城乡规划局、国土局等单位提供宝贵的资料，感谢正龙村、楼下村、上团村、下团村的领导及村民们给予大力支持。感谢长沙理工大学建筑学院的老师们，特别感谢胡颖荭老师，建筑学2013级、2014级、2015级、2016级学生们的辛苦调研与绘图，以及2018级陈永刚、符澜同学的图片处理，为本书提供了大量的数据支撑。

"路漫漫其修远兮，吾将上下而求索。"